家事大作战

高效清洁收纳术

もっと簡単に、ずーっとキレイ！ラクして続く、家事テク

[日] 牛尾理惠 监修　　　韦晓霞 译

中国轻工业出版社

家的空间
是用来接纳幸福的

假如有一天，你收到了一个美味的大蛋糕，会把它放进冰箱冷藏，空闲时拿出来享用？还是由于冰箱容纳不下蛋糕，第一时间把它吃掉？又或是等到蛋糕变得软塌塌了才吃掉？以上这几种情况，哪一种的幸福指数最高呢？

其实不仅是冰箱，家里的整理和打扫也是同一道理。整理得当，意味着已经做好了随时接纳新事物的准备。只有这样，当幸福悄悄来临时，你才能牢牢抓住它。此外，家里的东西少了，花在家务上的时间也就减少了，因此就有更多的时间花在生活的享受上。

在每天的家务中，打扫是最繁琐的。正如污垢会一天天堆积起来，打扫也要每天持续进行下去，这样才能保持家中干净整洁。

也许最开始，你很难做到改变自己原本的习惯与想法，并接受新的理念。因为每个家庭的构成与生活方式各有不同，所以无须完全照搬本书介绍的方法。但是，希望各位能够在做家务的同时，思考一下你想要什么样的生活，以及怎样去生活。由衷地希望这本书能够带给各位些许生活上的启发。

牛尾理惠

目录

PART 1

理清家务思路　　　　　　　　　　　　　　　　　　10

PART 2

打扫的基础知识、家务的流程　　　　　　　　　　　30

Q 锅具去污，哪种方法更轻松？　　　　　　　　　　32

PART4

PART5

让我们一起学习打扫与整理的技巧与窍门，把家里变得更加干净整洁。

1 转变思路、 了解打扫的基础知识 和家务的进行顺序

先尝试把以前的习惯和 想法统统抛弃

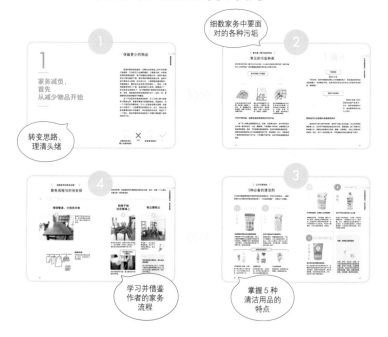

现在，让我们把以往的习惯和想法统统抛弃。本书第一部分介绍了理清家务思路的 7 个要点，请仔细阅读并理解这一部分。第二部分介绍了家务中要面对的各种 污垢和各种清洁用品的特点。请一边对比作者做家务的流程，一边做好学习新技 巧的准备。

2 掌握不同场所的基本打扫以及收纳方法

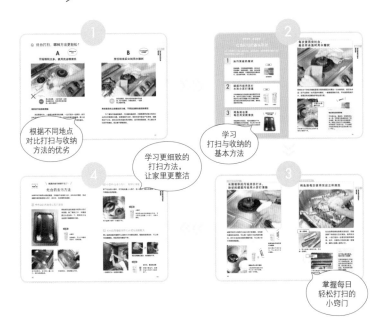

根据不同地点对比打扫与收纳方法的优劣

学习更细致的打扫方法,让家里更整洁

学习打扫与收纳的基本方法

掌握每日轻松打扫的小窍门

第三部分至第六部分分别介绍了厨房、洗漱台、浴室、卫生间、客厅、餐厅、衣柜、卧室、玄关等各种场所的打扫与收纳方法。其中既有每日花费少量时间、稍微打扫一下的轻松打扫法,也有去除顽固污垢的独门诀窍。本书中提及的每周一次、每月一次等打扫频率均为一般参考,请根据实际情况调整。作为料理研究家,作者在第七部分还分享了她如何简单、快速制作料理的各种小窍门。

说明

- 本书中打扫与收纳方法的对比标准均基于作者的个人判断。
- 本书中介绍的打扫与收纳用品均为作者日常使用以及推荐的用品。
- 预处理料理的食材仅为简单制作的分量。1 大勺 =15ml,1 小勺 =5ml。

PART 1

理清
家务思路

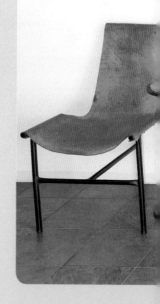

首先，了解7个最基本的理念及丢弃东西的方法。从最容易做到的地方开始慢慢尝试。

保持家中整洁，随时可以接待客人。

1

家务减负，
首先
从减少物品开始

保留更少的物品

家里积攒的物品越多，花费在这些物品上的时间和精力就越多，打扫的压力也越积越多。以厨房为例，炒菜做饭用的锅越来越多，都不知道放在哪里才好。结果只能先把它们堆在橱柜下面，每天用时再费劲地取出来。虽然开始只是有点儿麻烦，但长此以往，小麻烦就会像滚雪球一样越滚越大，最终成为生活压力的来源之一。其实，只要保留最常用的几个锅，其余的都可以舍弃。数量减少了，收拾起来也就轻松了，也不需要每次都费劲把锅拿出来。而且，堆放锅的空间也更容易打扫了。如此一来，就能够轻松地保持厨房干净整洁。

这个方法适合所有类型的家务。为了从劳心费力的家务中解放出来，就要学着减少家里的物品。话虽如此，但一下子就把东西都扔掉，不少人还是会觉得太浪费，或者担心东西没了，以后要用的时候怎么办。总之，首先从做家务最累的部分开始着手，体会到轻松快乐后，再进行下一个部分。就这样循序渐进地把这个习惯扩展到整个家务活动当中去。

物品太多

NG!

物品减少

花费的时间和
精力也越来越多

家务简单轻松！

OK!

2

整理与减肥
是同样的道理

体会成就感，
把家务变成习惯

物品减少之后，收拾整理就变得轻松起来，做家务的压力也减小了，与此同时还能够体会到打扫的成就感。完成某件事的成就感，以及身处在一个干净整齐的环境时的快感，会成为下一次做家务的动力。久而久之，它就会成为你的习惯。

这样的改变其实与减肥是一样的。身体里的脂肪减少、体重下降之后，身体就会变得轻盈，穿衣打扮也会跟着改变。这时，周围的人就会发现你的改变并给予称赞。受到称赞的鼓舞，你会继续减肥，并且把它变成一种习惯。如此一来，你的生活方式就会发生改变，甚至可能连整个人生都会发生巨大的变化。

我们每天都会照镜子，检查自己的体态与仪表。同理，从现在开始，每天检查一下家里的环境，把那些杂乱无章的东西和污垢当成我们身体里多余的脂肪，通过各种办法将它们燃烧掉。无论是减肥还是打扫和整理，一开始也许会很辛苦，但是成效是显而易见的。有了家人的称赞，你就会更有干劲。然后，这些微小的行为就会逐渐成为习惯。最后，成就一个整洁的家，也能成就一个完美的自己。现在开始，试着努力一下吧。

减肥 ⟫⟫ 体重下降 ⟫⟫ 体态发生变化 ⟫⟫ 受到关注 ⟫⟫ 更加努力减肥 ⟫⟫ 变成习惯 = 做家务同理！

3

将物品分类

养成物品分类的习惯

一旦决定"今天整理这里吧"，就要把里面所有东西全取出来，然后将它们按以下4个类别分类。

1. 需要的物品
2. 可能需要的物品
3. 暂时保留的物品
4. 不需要的物品

接着，将存放物品的空间（抽屉、书架、柜子等）清理干净，拍打或用吸尘器清理堆积的灰尘，用抹布将污渍擦掉。最后，把1和2放回去，同时可以考虑一下放在哪里会更加方便取用。

接下来，要毫不留恋地舍弃4。如果觉得直接丢掉有些可惜，可以把它们送到二手商店或挂在闲置物品交易App上售卖。既然是打算丢弃的物品，价格方面就无须太过纠结。

最后一步，把3放到暂时保存的箱子里。设定一个期限，到时再考虑这些物品是否真的有用。不需要当场就确定哪些物品需要、哪些物品要丢弃，可以先暂时保留。过一段时间之后，我们看待事物的角度也会发生变化，这时丢弃物品的心理负担也会小很多。

> 干净利落地分类！

需要的物品	可能需要的物品	暂时保留的物品	不需要的物品
	使用率不高，但一年可能会用到几次。	不确定需不需要，先放置在暂时保存的箱子里。	

4

从小空间
开始打扫

打扫比想象中简单，一下子有了干劲

　　厨房、衣柜、卫生间、客厅、浴室、玄关……如果你不知道应该从什么地方开始打扫，就先把你认为最难打扫的地方选出来。决定之后，就先打扫和整理这个地方的一个抽屉或者架子的某一层，总之，先从小空间开始。小空间里的物品不会太多，打扫起来会比想象中轻松许多。轻松打扫小空间可以让我们很容易地收获整理的成就感，这样的成就感能使我们一下子有了干劲，想要再多打扫一个小空间。今天亲身体会到打扫带来的舒适感之后，就会打定主意，明天也要继续打扫。就这样，打扫的范围会逐渐扩展开来。

　　另外，如果时间允许，可以进行大空间的清扫。打扫衣橱、鞋柜、料理台下面等空间，获得的成就感也会更大。这类大空间的打扫，推荐在生活中发生某些重大变化时进行。比如搬家或工作调动、孩子升学或毕业时。此外，换季也是打扫衣橱与鞋柜的最佳时机。

首先从小空间开始

第一层抽屉

感觉打扫十分简单之后，干劲十足

OK!

也可以努力尝试从大空间开始

衣橱、鞋柜

满满的成就感

OK!

5

不要执着于
"专用"

减少种类，只选择简单且能够通用的物品

    家里的物品总是不知不觉越积越多，特别是厨房用品和打扫用品。控制物品数量要做到"放弃专用、选择通用"。

    只要掌握好自己的生活习惯，就能够控制厨房用品的数量。根据主要功能，减少锅、刀、削皮器等基本用品的数量。比如菜刀、水果刀、面包刀、芝士刀等，是否真的需要分得这么细致？其实，只要有菜刀和果蔬刀，做到生熟分开，就能够应对大部分需要。另外，收纳盒要使用同一系列的，不同种类的收纳盒形状和容量各不相同，不利于打扫和整理。

    清洁用品也是同样的道理。厨房和浴室用同一种海绵清理，每次用后洗净、消毒，旧了之后再用来打扫卫生间。此外，清洁剂也需要重新考虑。浴室专用清洁剂、卫生间专用清洁剂、窗户专用清洁剂、地板专用清洁剂、换气扇专用清洁剂等，你甚至还需要一个柜子专门放这些清洁剂。家里的污垢大致分为3种，对付它们只需要用到5种用品（→P38）。

多功能抽纸盒

平时常用的口罩以及装湿垃圾的袋子都可以放进抽纸盒里。这样既方便又能省去从抽屉里拿取的时间。

选择天然成分清洁剂

去油污使用小苏打或苏打水，去水垢使用柠檬酸，除霉、防霉只需酒精与含氧漂白剂即可。

全部使用同一种海绵

选择容易起泡或易拧干、不发皱的海绵。洗碗海绵与浴室打扫海绵分开，用旧了再拿去打扫卫生间。

6

控制
冲动消费的方法

再一次扪心自问，
这件物品你真的需要吗？

即使减少家里的物品，并把打扫和整理当成习惯，家中的物品还是会越积越多。主要原因在于无止境地购物。购物时应当反复斟酌，只选择最必要的物品，这样也有助于节省花费。

每次购买衣服、鞋子、皮包后，它们就会侵占家里的空间。你的衣橱还有剩余空间吗？即便只买一件衬衣或一双袜子，也要考虑一下，你是否真的需要它。购物时不仅要注意质量与尺寸，还要好好问自己："真的有必要买吗？""家里还能放得下吗？"

此外，就像之前说的那样，只留下最常用的几件打扫工具。如此一来，不管打扫哪里，都能节省下整理工具的时间。

还要注意，购物时最需要三思的就是食材。绝对不能抱着"好便宜啊！先买回去放着吧"的想法。这时候，深呼吸，再问问自己："冰箱和收纳箱还放得进去吗？"食材买得过多，又无法马上吃完，只能放进冰箱保存起来。这样一来，花费的时间也变多了。其实，遇到新鲜的时令蔬菜时，也可以购买回来，改变一下菜单。归根结底，购物既需要量力而行，也应享受生活。

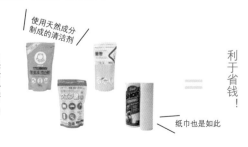

购物时要三思

只买必需品

使用天然成分制成的清洁剂

利于省钱！

纸巾也是如此

7

邀请朋友做客可以有效保持家中整洁

打造一个能够随时接待客人的房间

打扫与整理的最终目标，是让房间处于"随时都能接待客人"的状态。因此，可以逐渐把招待客人当成一种习惯。接待客人不需要兴师动众，用茶点招呼一下即可。接待客人时，至少要保证客厅、餐厅、厨房、卫生间以及玄关这些地方干净整洁。

与此同时，一旦以客人的角度重新审视房间，就会注意到平时容易忽略的地方。比如，鞋架是不是布满灰尘？从客厅看到的窗户玻璃是不是灰蒙蒙的？像这样，改变主客角度重新审视房间，能够帮助房间长久保持整洁。

此外，去他人家做客时，也可以把观察到的东西记录下来。除了不好的方面，也不要忘了把好的、应该学习的地方记下来。比如，别人会在卫生间准备客人用的小毛巾，衣柜里会贴心地放上衣架等。做客时感受到的细心招待都可以记录下来。

一开始可以先从简单的做起，然后尝试慢慢扩大范围。千万不要忘了，我们的目标是"打造一个随时能够接待客人的房间"。

（保持房间整洁的好处）

1 拥有更多空闲时间
2 从整理的压力中解脱出来
3 还能省钱

房间一直保持干净整洁，打扫所用的时间就会减少，因此就会拥有更多的空闲时间。此外，找东西也十分方便快捷，不用再烦恼东西的存放，一下子就从整理的压力中解脱出来。最后，由于房间一直很整洁，也少了很多不必要的购物开支，购物欲大幅降低，从而达到省钱的目的。

\ 跟没用的东西说再见! /

丢弃物品的正确方法

其实,丢弃物品也是有技巧的。一旦决定把这个东西丢弃,就不仅只是把它扔到垃圾桶里,而是要选择一个更为明智的方法。

1 优先考虑转卖给二手商店或挂在闲置物品交易App上

不需要的东西

还很新的、
还能用的东西……

二手商店   收购闲置物品的网站   闲置物品交易App

彻底丢弃前应有效利用!

如果觉得丢弃可惜,那就继续让它发挥余热

　　某样东西对自己来说已经没用,但又弃之可惜时,可以换个方式让它继续发挥余热。自己不需要的东西,可以转让给需要的人,这样一来,丢东西的心理负担也变小了。首先,咨询一下二手商店;然后再浏览一些收购闲置物品的网站和闲置物品交易App;最后,选一个最合适的方式,把东西转让出去。

二手商店

不同店铺的回收流程不同，
需要事先确认

二手商店一般分为两种：所有物品都回收的一般回收店，以及只回收特定物品（如品牌货、衣物、手表等）的专门回收店。有的二手商店需要持物品到店回收，有的会提供上门回收服务。回收流程也有所不同，有的是委托售卖式回收，有的则是一次性买断式回收。需要事先浏览官网再进行选择。

收购闲置物品
的网站

在熟悉的网站上注册

在熟悉的网站注册，然后联系商家收购闲置物品。个人直接与公司联系，确实令人担心会受骗，但对方是大公司，这就免去了后顾之忧。而且，部分公司收购衣服和鞋子时，还会提供旧物折价等服务。有些网站还会附赠会员积分或者购物券。

闲置物品
交易 App

手机拍照→简单、
快速出售物品

闲置物品交易App与二手商店、收购网站最大的区别就是可以自由定价。此外，无须支付手续费，收付款由第三方代为执行，也是它的特色之一。想买东西的人只要打开手机浏览就能购买，说不定还能邂逅自己心仪的物品。

memo

**不需要的家电和家具
可以0元出售**

破旧的大家具和家电可能还有高额的回收处理费，可以考虑0元出售。

垃圾一般分成4大类，请遵守各地区的垃圾丢弃规定

各个地区的垃圾分类法会稍有不同，但一般会将垃圾分成可回收物、厨余垃圾、有害垃圾、其他垃圾4大类。这些分类分别包含了哪些垃圾、每种垃圾该如何丢弃，这些信息都可以在各地官方网站上查到。不按分类丢弃垃圾会污染垃圾丢弃处的周边环境，还有可能导致细菌滋生。因此，请按照各地区的规定进行垃圾分类和处理。

可回收物 每周1次

包括废纸、塑料、玻璃、金属和布料

- **废纸**
  报纸、期刊、图书、各种包装纸等。

- **塑料**
  各种塑料袋、塑料泡沫、塑料包装、一次性塑料餐具、硬塑料、塑料牙刷、塑料杯子、矿泉水瓶等。

- **玻璃**
  各种玻璃瓶、碎玻璃片、暖瓶等。

- **金属物**
  易拉罐、罐头盒等。

- **布料**
  废弃衣服、桌布、洗脸巾、书包、鞋等。

分类投放时应尽量保持清洁、干燥、避免污染。废纸应保持平整。
立体包装物应清空、清洁后压扁投放。
废玻璃制品应轻投轻放，有尖锐边角的应包裹后投放。

厨余垃圾（湿垃圾） 随时

包括剩菜剩饭、骨头、菜根菜叶、果皮等食品类废物。

- **果壳**
  玉米核、坚果壳、果核、鸡骨等。

废弃食用油，也归于此类。

残枝落叶属于此类，包括家里开败的鲜花等。

从产生时就与其他品类垃圾分开，投放前沥干水分。
有包装物的过期食品应将包装物去除后分类投放。

3 规定丢垃圾的日子到来前，是打扫和整理的最佳时机

记住丢垃圾的日子，有序地安排好打扫与整理

可以把丢垃圾的日子当作打扫与整理的信号。不同地区垃圾分类的规定可能不一样，但只要包含餐具或锅，就可以顺带整理厨房。如果要丢的东西里有皮鞋或伞，就可以顺手把玄关打扫一下。另外，丢塑料垃圾的前一天，还可以把家里的老旧塑料容器清理一下。

有害垃圾 每月1次

包括电池、荧光灯管、灯泡、水银温度计、油漆桶、部分家电、过期药品、过期化妆品等

- 电池

  镉镍电池、氧化汞电池、铅蓄电池等。

- 荧光灯管

  日光灯管、节能灯等。

  废温度计、血压计、药品及包装物。

  废油漆、溶剂及包装物。

  应保持器物完整，避免二次污染。
  电池应轻投轻放。
  油漆桶、杀虫剂如有残留应密闭后投放。
  荧光灯、节能灯易破损，应连带包装或包裹后投放。
  废药品连带包装投放。

其他垃圾 随时

包括除上述几类垃圾之外的砖瓦陶瓷、卫生间废纸、纸巾等及尘土。

- 大棒骨因为"难腐蚀"被列入此类。

- 卫生纸

  厕纸、卫生纸遇水即溶，不算可回收物，类似的还有烟盒等。

  难以辨识类别的生活垃圾投入其他垃圾容器内。

memo

家电类可以联系上门折价收购

空调、电视、电冰箱、冰柜、洗衣机、烘干机、电脑等家电，可以联系专门的回收店上门折价收购。

PART 2

打扫的基础
知识、家务
的流程

不同的污垢该用不同的办法去除。如果事先对这
些了然于胸，那么打扫时就会事半功倍。

一张简约的餐桌，是流畅地完成家务的关键。

Q 锅具去污，哪种方法更轻松？

A

用不用
锅刷呢？

使用锅刷

✕

NG! 就算用锅刷使劲刷，锅底的黑色
污垢也不见得就能刷掉。费时又
费力。

锅刷去污效率太低！还容易划伤锅内壁

　　使用锅刷或去污粉清洗锅具，只是用物理方法去除锅内壁上的黑色污
垢。不仅费力，还容易划伤锅。要想去除污垢，最好借用小苏打（碳酸氢
钠）强大的清洁力来软化污垢，然后再用清水洗净。这样既简单，又节省
时间，即可轻松去污。

B

轻轻松松
去污

使用小苏打水并加热

OK! 锅内倒水，放入小苏打并加热，
注意不要把水蒸发干。
※该方法不适用于铝制锅具。

借助小苏打的清洁作用，轻轻松松去除黑色污垢！

去除锅内黑色污垢的正确方法，是加入小苏打水和加热。首先，倒入水；然后将加有小苏打的水均匀没过锅内的黑色污垢；再开火加热。这时，小苏打会不断冒泡，黑色污垢逐渐脱落并浮于水面。冷却后只要轻轻刷洗，就能够去除锅内的污垢。除了锅之外，铁制或不锈钢的烤箱内部、炉灶的锅架等，都可以用这个方法来清洗。由于长时间使用，锅的外壁也变得黑乎乎的。只要把锅放入更大的容器内，就可以用同样的方法去除锅外壁的污垢。

常见的污垢种类

家中常见的污垢一般可以分为3大类。什么地方会滋生何种污垢？这种污垢有什么样的特征？事先掌握这些基本常识会让你事半功倍。

家中污垢的 3 种类型

1 油污

2 水垢

3 霉菌

出现在厨房煤气灶周围、换气扇（油烟机）。另外，手、脚接触开关或地面，所留下的印记也属于油污。

硬水中的钙镁离子产生的污垢。一般常见于容易积水的地方，如厨柜台面、水槽、水龙头四周、洗漱台、浴室等。

湿气容易聚集的地方往往会有许多霉菌，比如浴室以及洗漱台。此外，纱窗、空调、玄关、壁橱、衣柜等地方也容易滋生霉菌。

针对不同污垢，选择合适的清洁剂及打扫方法

除了可以用吸尘器清理的灰尘、碎屑、毛发等垃圾外，家中常常滋生的污垢一般会有油污、水垢、霉菌3种。不管是哪一种污垢，长期堆积之后都会很难清理。因此，平时就要注意定期清洁。这3种污垢有各自的特征，选择合适的清洁剂以及方法就能够对症下药，轻松除垢。反之，如果使用了错误的清洁剂或打扫方法，不仅清除不掉污垢，还会对家具或器具造成损伤。

1 油污

污垢类型

酸性污垢

平时炒菜、油炸时溅到的油渍以及手触摸的地方，受到温度的影响后会逐渐酸化，形成酸性污垢。这类污垢往往还会夹杂灰尘和各种垃圾碎屑，很难清扫。

容易产生的场所

厨房的灶台　　换气扇（油烟机）周围

餐桌　　洗漱台

门把手　　地板、墙壁

等等

厨房天花板上的灯四周也极易产生油污。此外，经常会触碰的开关、遥控器等物品也会沾上油污。

厨房油污以及皮脂分泌造成的油污

厨房油污大部分是平时炒菜、油炸时飞溅出去的油星。灰尘和碎屑极易附着上去，长时间不清洁就会变成块状污垢，很难清理。除了肉眼可见的油星之外，油烟也会附着在天花板、壁橱、冰箱等处，冷却之后就会形成油污。此外，由于人体的皮脂分泌，手和脚触及的地方都会留下油污。

2 水垢

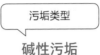

污垢类型

碱性污垢

碱性污垢产生的主要原因在于自来水中钙等矿物质成分，以及使用肥皂时产生的皂垢。

容易产生的场所

厨房水槽和水龙头 　　洗漱台的水龙头

浴室的镜子和水龙头 　　浴缸内壁

马桶内部 　　马桶水箱的出水口

等等

此外，暖水壶、电热水壶的内部，以及盖子内侧，玻璃杯、玻璃餐具、加湿器内部等地方都极易产生水垢。

飞溅出来的水滴蒸发之后形成白色的污垢

飞溅出来的自来水水滴没有及时清理，自来水中所含的钙等矿物质成分就会因为水分蒸发而变成白色的残留污垢。会出现水滴飞溅的场所是固定的，因此水垢容易日积月累，形成极难清理的块状污垢。此外，水垢还会与皂垢发生反应，形成难清洗的污垢。及时清理是对付水垢最合适的办法，一旦发现水垢，就要立即清理干净。

3 霉菌

污垢类型

霉菌或细菌性污垢

霉菌不仅会腐蚀物品的表面，还会侵蚀内部。因此，有效的预防和杀菌措施十分重要。

容易产生的场所

厨房的排水口

洗漱台的排水口

浴室的排水口

浴室的天花板、墙壁

马桶内部

马桶盖内侧

室外木地板

衣柜、壁橱

等等

除了能够接触到水的地方之外，空调、加湿器也应是检查的重点。此外，一旦发生漏雨或漏水，墙壁和天花板也极易发霉。

湿度、温度和营养物质，细菌繁殖的3个条件

霉菌、细菌等既是污垢的成因，也是引发过敏和各种疾病的罪魁祸首。霉菌的种类有很多，常见的就是浴室容易滋生的黑霉菌以及粉色霉菌。湿气过重容易导致霉菌滋生，但部分霉菌有很强的耐旱性。因此，对症下药很关键。

5种必备的清洁剂

打扫的关键是要根据污垢的种类来选择清洁剂，而非打扫的地点。一般的家务打扫只要有5种清洁剂就足够了。不仅适用范围广，效果还十分显著。

1 主要针对碱性污垢

2 主要针对酸性污垢

柠檬酸

小苏打

极难清除的顽固水垢也能瞬间脱落！

柠檬或梅干中包含的酸性物质。市面上出售的柠檬酸是从红薯淀粉中提取并制作而成的。柠檬酸不适用于清洁铝制或大理石物品，与其他清洁剂混合会产生有毒气体，使用时请注意。

适用于清洁油污与焦糊污垢

弱碱性粉末，碳酸氢钠的俗称。不适用于榻榻米、本色木地板和家具、铝制品。市面上出售的小苏打分为食用和清洁用2种，请注意分辨，不要误食清洁用的小苏打。

其他推荐的清洁剂

中性清洁剂(洗碗、日用)

既不属于酸性也不属于碱性，可用于洗碗或日常生活。适用性非常广泛。

含氯漂白剂

拥有极强的漂白、杀菌功效。非常适合清洁厨房用具以及去除重度霉菌污垢。

卫生间清洁剂

喷洒清洁剂，然后用纸巾轻轻擦拭，就能够去除污垢。

3 主要针对酸性污垢

苏
打

油污瞬间脱落！但需要二次清洁擦拭

碳酸钠的俗称，又称纯碱，碱性比小苏打更强，能够使油污瞬间脱落。市面上出售的苏打有粉末和液体2种，苏打粉需要溶于水后使用。不适用于榻榻米、本色木地板和家具、铝制品。

4 主要针对酸性污垢

酒
精

适用于清洁皮脂污垢以及杀菌

家庭打扫或消毒时，只要备一瓶消毒酒精即可。少量酒精也可用于口腔消毒。此外，酒精的优点是极易溶于水或者油，并且能够快速挥发。但是酒精易燃，且会溶化涂料和油漆，使用时需多加注意。

5 主要针对霉菌及细菌性污垢

含
氧
漂
白
剂

靠它把浴室的霉菌连根拔起！

较之含氯漂白剂和还原型漂白剂，含氧漂白剂的效果更为柔和且便于日常生活使用，有粉末和液体2种。清洁浴室霉菌、消毒浴室效果显著。此外，还适用于部分衣物的清洗。

memo

除菌、除异味也需要重视

衣物、房间、卫生间、冰箱、玄关等处除异味推荐使用除菌除臭喷雾，效果十分显著。这类喷雾无色无味，通过封闭和分解导致异味的病毒、细菌、霉菌等致敏物质，达到除菌、除异味的效果。

柠檬酸

实际成分

食物中含有的酸性成分
水果或蔬菜中含有的有机酸，是构成柠檬和梅干酸味的主要成分。市面上出售的是经由淀粉发酵而制成的。

味道、挥发性

无味，不易挥发
同样含有酸性成分的醋较容易挥发，但柠檬酸属于不易挥发且无味的酸性物质。非常适合家庭打扫。

☺ **适用**

碱性污垢
适用于清除水垢等碱性污垢。尿液也属于碱性物质，所以也可以用来打扫马桶。

特点

易溶于水，呈酸性
因其易溶于水的特性，通常也用于腌渍酸味食物、制作食品添加剂或用作健康辅助食品的原材料。

保存方法

放入密闭容器，常温保存
暴露在潮湿的空气中会结块，可以放入玻璃容器内保存。尽量不要使用金属或塑料容器。

 **不适用**

油污、皮脂污垢
厨房等处的油污、皮脂或蛋白质为主要成分的衣物污渍等。对这类污垢的清除作用不大。

能够让水垢等碱性污垢溶于水

　　柠檬酸本身具有的酸性能够中和碱性污垢中的钙成分，从而达到清除污垢的效果。除了能够在打扫水槽或水瓶时使用，柠檬酸还能去除厕所异味和马桶座便上的污垢。此外，还能用来制作洗衣液。

> 柠檬酸小知识！柠檬酸水

可以把柠檬酸兑水，混合后倒入喷雾器，用作清洁喷雾。柠檬酸水无法长时间保存，使用时兑出一次的使用量即可。如果打扫完还有剩余，倒入排水口，可以杀菌和除臭。

※勾兑的基本比例为500ml水：10g柠檬酸。

往喷雾器中倒入1.5小勺的柠檬酸。

加入400ml水，盖紧，晃动瓶身，使溶液混合均匀。

> 现学现用小妙招！

用喷雾清洁水槽
→P73

只要把柠檬酸水轻轻一喷，就能够轻松除臭。

往排水口倒入小苏打和柠檬酸水→P75

打扫完毕后，在排水口处撒上小苏打，然后倒入柠檬酸水，就会立刻起泡，达到除菌、除臭的效果。

用制冰机制作柠檬酸冰块
→P105

把柠檬酸水放入制冰机的模具内，按正常模式制冰即可。不要忘了留张纸条，备注不可食用。

用柠檬酸水浸泡花洒喷头
→P162

花洒喷头的构造复杂，较难清洗。可以把它放在桶里，然后倒入柠檬酸水浸泡、除垢。

给镜子做柠檬酸"面膜"
→P163

清洁浴室的镜子、水龙头处的水垢时，可以在表面覆盖一层浸过柠檬酸水的纸巾，放置一段时间后再取下纸巾，擦拭污垢即可。

用柠檬酸水清洁马桶内侧
→P172

尿渍容易凝聚成块，铺上厕纸后再喷上柠檬酸水。放置一段时间后再冲水清洁即可。

② 小苏打

实际成分

发酵粉的主要成分

小苏打的学名是碳酸氢钠。发生反应会产生二氧化碳,因此是发酵粉的主要成分。

特点

不易溶于水,呈弱碱性

粉末十分细,但不易溶于水。呈弱碱性。碱性比苏打水低。

味道、挥发性

无味,无挥发性

加热会产生二氧化碳,但本品无挥发性、无味。用来制作饼干时,会带一些苦味。

保存方法

常温下可长期保存

常温下不会发生化学变化,可长期保存。遇水会结块,需要保存在密闭容器内。

😊 适用

烧焦的黑色污垢或轻微的油污(需要反复擦拭)

用粉末摩擦可以去除烧焦的黑色污垢。污垢严重时,可以倒水并加热,令污垢自动脱落。

😖 不适用

严重的油污

黏稠的油污、碱性强的污垢等。对这类污垢的清除作用不大。也不适用于清洗衣物。

注意不要混用食用小苏打和清洁用小苏打

　　小苏打作为纯天然原料,除了用于发酵面包,还适用于家庭清洁打扫。了解小苏打的特性,就能够在清扫时对症下药、事半功倍。清洁用的小苏打粉末混有其他成分,切记不可与食用小苏打弄混。

动手做一做！小苏打浆糊

小苏打加水后会变黏稠，可以紧紧地附着在污垢上，分解污垢的油脂或蛋白质成分，也适用于搓洗。

往容器中加入适量小苏打，再慢慢倒水。

用旧牙刷搅拌成浆糊。

现学现用小妙招！

往排水口倒入小苏打和柠檬酸水→P75

柠檬酸水和小苏打会迅速起泡，泡沫会令污垢逐渐自动脱落，还能起到除臭的作用。

用小苏打浆糊清除顽固水垢→P163

用旧牙刷把小苏打浆糊刷到花洒喷头上，轻轻擦洗缝隙部分。

清洁灶台内部
→P80

可以用小苏打浆糊来去除烧焦的污垢和轻微的油污。使用旧牙刷可以把缝隙也清洁干净。

清洁马桶内部
→P173

清洁尿渍和水垢时，可以在柠檬酸膜之后撒上小苏打，然后用海绵擦洗。

清洁烤鱼架
→P82

往烤盘中倒水，在污垢处撒上小苏打后加热，冷却后用海绵擦洗。除了去污，还能够去除鱼腥味。

清洁布艺沙发
→P186

撒上小苏打，放置10分钟左右，然后用吸尘器吸除。还有去除异味的效果。

③ 苏打

实际成分

浴盐与洗衣液中含有的碱性成分

学名碳酸钠,是市面上出售的浴盐与洗衣液的制作原料之一。

特点

易溶于水,呈弱碱性

与小苏打不同,易溶于水,可以放入喷雾器使用。碱性比小苏打强。

味道、挥发性

无味,无挥发性

适用于清洁墙壁、天花板、照明电器等,也可用于客厅打扫。

保存方法

常温下可长期保存

常温下不会发生化学反应。避开湿气,放入密闭容器内可长期保存。

适用

去除油污及血渍,除臭

能够去除皮脂油污和黏腻的油污,同时还有除臭的作用。此外,还能够分解部分蛋白质,可用来清除血渍。

不适用

部分原材料的制品无法使用

对铝制品或部分天然材料制品,使用苏打会使其变色。此外,蛋白质易溶于苏打,使用时注意手部皮肤的防护。

完美去除厨房内油污、手上皮脂油污

苏打水(粉)是苏打与小苏打的混合物。易溶于水,且不伤手,因此很受欢迎。由于其呈弱碱性,对付酸性油污效果显著,是厨房清洁的好帮手。这个特性也应用到了工业上,常用来去除绢、羊毛、木棉等原料上的脂肪和杂物。

> 苏打粉小知识！制作苏打水

打扫时，可以将苏打粉溶于水后倒入喷雾器，既方便使用又有良好的清洁效果。直接擦拭会留下白色痕迹，清洁的最后请用清水擦拭。

※勾兑的基本比例为400～500ml水：5g苏打粉。

往喷雾器中倒1小勺苏打粉。

加入400ml水，盖紧，晃动瓶身使溶液混合均匀。

> 现学现用小妙招！

清洁灶台油污
→P80

每次打扫时都可以顺带清洁灶台。喷上苏打水后用抹布擦去污垢即可。

清洁灶台处的墙壁
→P83

灶台使用完毕后，趁还有余温时喷上苏打水擦拭。步骤简单，可以每天进行。

清洁油烟机周围的油污
→P87

往油污与灰尘上喷洒苏打水，等待一会儿后再擦拭干净。

清洁冰箱顶部的污垢
→P103

长时间不清洁，冰箱顶部就会形成顽固污垢。尽可能定期用苏打水喷雾清洁，每次清洁的间隔不宜过长。

清洁浴室的水蒸气污垢
→P164

浴室墙壁容易沾上肥皂水而形成水垢。可以用苏打水喷雾喷湿整面墙壁，用海绵清洁干净。

清洁灯罩
→P184

擦掉灰尘后使用苏打水喷雾清洁。如果担心留下白色痕迹，可以再用清水擦拭一次。

酒精

实际成分

酒的主要成分
学名乙醇，是酒的主要成分。作为食品添加剂之一被广泛应用。

特点

杀菌效果显著，预防霉菌
消毒用的酒精具有杀菌作用，适合用来作厨房以及浴室的除菌和防霉。

味道、挥发性

气味刺鼻，极易挥发
极易挥发，有刺激性气味。擦拭后立刻就会挥发，适合需要无痕清洁的地方。

保存方法

避免接触空气，密封保存
挥发性很强，需要放置在阴凉处、密封保存。此外，酒精易燃，要注意防火。

 **适用**

去除皮脂油污，擦拭过后立刻光亮
可以轻松去除镜子、开关、遥控器、玻璃杯等的皮脂污垢。

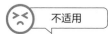 **不适用**

水垢、顽固油污
很难清除水槽以及厨房的顽固污垢。酒精会磨损表面涂有光漆或者皮革的制品。

极易挥发，擦拭后立刻光亮，顺带除菌

使用酒精打扫时，推荐使用"消毒用酒精"。由于其出色的杀菌作用，最适合用来清洁厨房、冰箱内部等处。此外，还能用于浴室防霉。容易与水或油发生反应，因此也可以用它来去除油污。酒精极易挥发，擦拭后不会留下水痕，适用于电子产品的清洁。

如何使用?

消毒用酒精使用非常方便,只要在脏的地方喷上即可。清洁缝隙和较小的角落时,可以用喷有酒精的抹布擦拭。

> **memo**
>
> **利用喷雾喷头,更加环保、省钱!**
>
> 目前市面上有喷雾型的酒精,也可以购买一般的瓶装酒精和喷雾喷头。喷雾喷头可循环使用,既省钱又环保。酒精极易挥发,要注意盖紧盖子。

现学现用小妙招!

清理垃圾箱
→P54

更换垃圾袋时,可以顺便用酒精擦拭垃圾箱,清理与除菌双管齐下。此外,还能除臭。

让镜子亮晶晶
→P151

用酒精擦拭镜面后,其他清洁剂和水洗不掉的污渍都会消失,瞬间变得亮晶晶。

喷一喷浴室的排水口
→P161

浴室打扫完毕后,用酒精喷一下排水口。除了防滑,还能预防霉菌滋生。

清洁玻璃窗的污渍
→P183

虽然对顽固污渍的清除作用不大,但由于酒精极易挥发,不会留下擦拭痕迹。这是它最出色的一点。

清洁门把手和开关
→P187

每天都会触摸的地方,非常容易沾到手上的皮脂油污,用酒精轻轻擦拭一次即可。

擦拭餐桌和椅子
→P191

除了涂有油漆和容易与酒精发生反应的家具外,都可以用酒精擦拭。可以用酒精清洁餐桌和椅子。

5 含氧漂白剂

借助"氧化作用"的漂白剂

学名过氧碳酸钠，弱碱性。活性氧遇水分解，通过其氧化作用来进行漂白和杀菌。

特点

溶于水后具有强碱性

与水一起加热至40~50℃时，碱性以及氧化能力大幅增加。

味道、挥发性

有轻微气味，无挥发性

气味比含氯漂白剂要淡一些，无挥发性。

保存方法

避开水汽，密闭保存

溶于水后漂白效果会减弱，因此需要注意避开水汽。不要放入金属的密闭容器中。

适用

漂白、除菌、除霉等

毛巾漂白，除菌以及清除刚滋生出来的黑霉菌效果显著。除了浴室，也可以用于清洁洗衣机内桶。

不适用

顽固霉菌

很难清除顽固的霉菌。此外，不适用于不锈钢之外的金属制品、羊毛、绢制品等。

负责清除黑霉菌和清洁浴室，洗衣机桶清洁也不在话下

　　含氧漂白剂有2种。液体漂白剂可以与洗衣液一起使用，起到衣物漂白、除菌的作用，带颜色、图案的衣物也能够放心使用。粉末漂白剂的漂白作用比液体强，除了衣物之外，还可清洁烹调器具、洗衣机内桶等，效果显著。

如何使用?

建议与洗衣液一起收纳，方便使用。图中平底杯的盖子上有个小口，非常便于使用和替换。

memo

关于含氯漂白剂

漂白效果比含氯漂白剂强，但使用场合有限。与其他洗衣液混合，或随意倒入排水口时，容易产生有毒气体。

现学现用小妙招!

清洁换气扇
→P88

换气扇这类大型器具可以放入大号塑料袋中，加入含氧漂白剂和热水，静置片刻后，污垢会自动脱落。缝隙可以用旧牙刷擦拭。

清洁洗衣机内桶
→P157

放入含氧漂白剂和热水，让内筒转动几分钟。静置半天后，污垢就会浮上来。捞出污垢后脱水，按正常清洗模式完成清洗即可。

还有"惊喜"

浴室小物件和软管的清洁

把花洒和排水口的盖子放入浴缸，放入含氧漂白剂，注入40~50℃的热水。这样既能去除污垢和霉菌，还有杀菌的作用。

去除轻微的霉斑

刚滋生的霉斑可以用含氧漂白剂去除。含氧漂白剂加水，搅拌成浆糊后涂在霉斑表面，放置片刻后再用旧牙刷清洁干净。

毛巾除菌

毛巾极易滋生细菌，需要每周除菌一次。把毛巾放入50℃的漂白水中清洗。

\ 只要有这些就够了! /

推荐使用的打扫工具

无须选择专业的清洁打扫工具，只要选择好用的即可。省时省力，使用后
还可以直接丢弃处理。

1 擦拭污垢

海绵
容易起泡，耐用。

细纤维抹布
吸水性强。可以用于厨房
清洁，用旧之后还可以打
扫其他空间。

纸巾
有一定厚度的一次性
纸巾。

地板湿巾
用来擦拭地板的一次性湿
巾，使用非常方便。常搭
配湿巾专用的拖把使用。

无须增加工具数量，固定使用几种即可

　　清洁厨房水槽的海绵用旧后可以擦马桶，擦餐桌的抹布用旧后可以擦
洗换气扇。此外，清洁用的抹布很难保持干净，推荐尽量使用纸巾或湿巾。

② 清除灰尘

打扫的第一步就是擦拭灰尘和丢弃垃圾，千万不要忘记这一步。灰尘只需简单擦拭即可，但需要根据家中物品和摆放位置来选择合适的除尘工具。

掸子
最适合用来清理陈设复杂的空间。有可清洗、反复使用的，也有一次性的。

吸尘器
想要家中环境干净整洁，就要重视吸尘器吸力的大小。立式吸尘器使用起来更便捷。

除尘滚筒
适用于简单除尘。推荐选择木地板、地毯两用的类型。

③ 其他

蒸汽清洁器
清扫吸油烟机、窗框、玄关垫子时，可以使用高温蒸汽清除污垢。

橡胶手套
要注意保护双手。打扫厕所时可以使用一次性橡胶手套。

旧T恤和旧袜子
剪开会掉线，建议直接使用。旧T恤可以用来擦玻璃，旧袜子可以套在手上，擦遮光帘或百叶窗。

水桶
选择质地较软、可以改变形状的水桶，方便搬运衣物和水。

刮窗器
打扫浴室后，用刮窗器把墙上的水珠都刮掉。此外，还能用来擦玻璃。

除了基本的工具，还推荐一些可以搭配使用的物品。穿旧的衣服、不用的东西等都可以用作清扫工具，如用旧了的牙刷和干净的文件夹等。

\ 值得参考的家务流程！ /

家务流程与时间安排

 早餐后

清理餐桌，分类洗衣物

餐桌有可能会有其他用途，吃完早餐后应清理干净，最好不要放任何东西。

晾晒衣物
可将洗完的衣物放在餐桌上分类，然后依次在阳台晾晒。

做好家务事，就是要把每天需要做的事变成习惯。首先，来看一下以清扫为重点的一般家务流程。

10
分钟

把椅子倒扣在餐桌上

②

收拾好衣物后，把椅子倒扣在餐桌上，同时清理一下椅子上的灰尘。早晨的清扫完成后再把椅子放下来。

> 椅子腿的污垢也不要放过！

用抹布擦净椅子腿，或用透明胶带清理垃圾碎屑。

吸尘器吸尘

③

活动多了，灰尘就会飘扬起来。这时可以用吸尘器吸尘。吸尘应每天进行。

memo

尽早使用吸尘器吸尘，防止灰尘到处飘扬

有人说打扫应由上至下，先用掸子清扫天花板和墙壁的灰尘。但由于灰尘晚上会落回地面，所以应尽早吸尘。

开始擦拭

在抹布上喷一些酒精，擦拭电视机、洗漱台的镜子、门把手等地方。

擦拭垃圾箱

可以稍微清洗一下抹布，然后擦拭垃圾箱等地方。

架子稍微擦拭即可

电视机容易产生静电，极易落上灰尘，要仔细擦拭。

memo

可以使用酒精喷雾

无须使用湿抹布擦拭，可以直接用酒精喷雾清洁垃圾箱，还能除臭。

清洗抹布的同时擦洗洗脸池

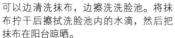

可以边清洗抹布，边擦洗洗脸池。将抹布拧干后擦拭洗脸池内的水滴，然后把抹布在阳台晾晒。

细纤维抹布具有良好的吸水性。拧干后能擦净水滴。记得擦拭一下水龙头。

用除尘滚筒给布艺家具除尘

用除尘滚筒清理沙发垫等地方，比吸尘器更方便。

清理地毯

除尘滚筒可以粘出吸尘器无法清除掉的毛发和垃圾碎屑。

memo

除尘滚筒可以收纳在篮子里

黏着式除尘滚筒配有专门的收纳箱，但是推荐使用合适的篮子收纳，这样会比毫无设计感的普通收纳盒更贴近家中的装潢。即使放在客厅，也不会显得突兀。

滚一下，垃圾碎屑通通不见了！

用湿巾拖把
清扫地面

8

从卧室开始

吸尘器清理了灰尘和垃圾，接下来轮到拖把登场了。首先从卧室开始。

洗漱台附近的地面

清扫走廊后就轮到洗漱台附近的地面了。早晨刷牙洗脸时溅出来的水要仔细清理。

走廊也变干净了

接着清扫走廊。边后退边拖地，就不会留下脚印了。

湿巾是为了清理污渍，而不是灰尘。

不要忽视厨房地面

厨房的地面经常会溅上油或水，需要仔细清理。厨房地垫下面也不要忘记。

擦拭玄关地面

不要放过卫生间的每一个死角

9

因为已经事先用吸尘器清理过一遍了，所以清洁湿巾不会太脏。可以继续使用同一张湿巾拖地。可以用酒精喷雾消毒。

最后是玄关。取下拖把上的清洁湿巾，用干净的一面擦拭玄关地面。这样，一张清洁湿巾就能让全屋干干净净！

用除菌、除臭喷雾和纸巾清理马桶

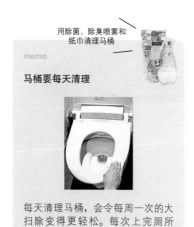

memo

马桶要每天清理

每天清理马桶，会令每周一次的大扫除变得更轻松。每次上完厕所后，可以用纸巾和清洁剂擦拭座便，然后把纸巾冲入马桶即可。

Finish!

玄关也变干净啦

收衣服

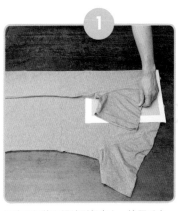

把晾晒好的衣服放到餐桌上，按照毛巾、内衣、T恤等分类，然后逐一叠整齐。

先分类再叠衣服

晾衣架怎么收纳？

可以放在晾晒衣服地方的附近，靠阳台或靠近院子的窗户旁即可，可以利用窗帘遮挡。

准备晚饭

拿出切段的蔬菜和事先收拾好的肉，只要稍微加热和调味，即可轻松做好晚餐。

烤牛肉搭配蔬菜沙拉

料理材料可以事先切段或稍做加工，制作晚餐更省事

虽然可以先做好、吃时再加热，但把材料预处理到只要加工一下就能吃的程度会更好。不仅健康，而且还能根据情况自由安排做饭时间。

清理厨房

清洗抹布、清理排水口

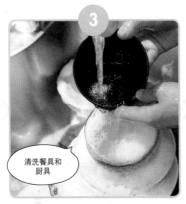

清洗餐具和厨具

抹布洗净后在室外晾干

餐具、厨具用完及时清洗并擦干水。木制餐具需要晾晒一晚。

把擦桌子的抹布洗净后晾在阳台。

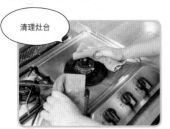

清理灶台

趁灶台还有余温，尽快用清水擦拭。如果灶台已凉，就用苏打水擦拭。

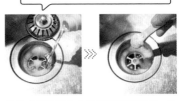

往排水口里倒入小苏打和柠檬酸水

往排水口里倒入小苏打和柠檬酸水，最后用流水冲洗干净。

清洗水槽和过滤网

Finish!

水槽焕然一新

清洗完毕后将餐具放入沥水架，沥干水。

PART 3

轻松高效的家务
厨房篇

本章介绍一些简单并能够长期保持整洁的打扫方
法，同时向大家推荐一些高效的整理收纳方法。

只要用对打扫和收纳方法，厨房就会变得宽敞明亮。

Q 餐具清洗，哪种方法更轻松？

A

餐具多时，
有的无法泡进
水里

在大盆里注满水，把餐具全都泡在里面

✕

NG! 如果要洗的餐具太多，就会有一
部分餐具放不进水里。

水槽变得拥挤，洗盆也费事

如果使用大盆，洗碗时就能够把所有的餐具都放进盆里泡水。乍看之
下确实很方便，但体积庞大的盆会占据水槽的一大部分，洗碗的空间就会
减少。如此一来，反倒费事，十分不方便。不用盆，不仅能够确保水槽的
操作空间，还能节省下洗盆的时间。许多工具乍看十分方便，但实际上却
更费事。因此，找到真正合适且方便的方法是最重要的。

B

把餐具从大到小叠放，用水冲洗

> 所有餐具都能冲到水！

OK! 不能叠放的玻璃杯只要放进要洗的锅或大碗里，浸泡即可。

控制水流大小，无须使用大盆

首先，用硅胶刮刀把餐具或平底锅上的食物残渣刮掉，然后按照从大到小的顺序将餐具叠放在水槽内。打开水龙头，让水自然流下。这样能把水与清洁剂的用量控制在最少。少了大体积的盆，水槽的操作空间也得到了保证。如果确实有需要浸泡的餐具，可以用锅或搅拌盆浸泡。

餐具清洗的基本原则

每日必做的家务中，最麻烦的就是清洗餐具。洗碗机非常方便，但手洗时的方法也要掌握。

1 清洗餐具的用品 统一摆放在一起

把清洗餐具时要用的洗洁精、去油用的苏打水、清除水槽水垢的柠檬酸水，以及海绵、硅胶刮刀、锅刷统一放在一起，尽量不要占用太多空间。

统一摆放，使用更方便！

2 先用硅胶刮刀 去除污垢

清洗餐具时最头疼的就是顽固油污，很难清洗干净，有时还会浪费不少洗洁精。处理这类顽固油污时，最关键的就是要在用水清洗之前，用硅胶刮刀将其清除，之后只需要用少量洗洁精就能洗净餐具了。

工具

硅胶刮刀

3 不要浸泡， 叠放和流水才是关键

有人一说到清洗餐具，就会下意识地认为应该浸泡清洗。实际上，盆非常占地方，还要另外清洗。应该抛弃必须用盆浸泡餐具的旧观念，叠放起来，用流水清洗才是更轻松的洗碗方法。

非必需

盆

叠放并用流水
才是最轻松的清洗餐具方法

占地方且还要清洗的大盆并不是清洗餐具的最佳选择。把餐具按照大小叠放，再用水冲洗即可。事先用硅胶刮刀去除油污，不仅能够节省洗洁精，还能节水。

冲洗泡沫也需要技巧

事先用硅胶刮刀
去油

必须要浸泡时可以用锅来代替盆

需要杀菌浸泡时，可以用锅或大碗代替盆。

冲洗泡沫也要顺着水流方向，高效又节水。

保持擦桌布干净！
每次使用完都要洗净，挂在阳台晾晒

擦桌布每天都会使用，所以要保持干净。每次用完后洗净，挂在阳台晾晒。室外晾晒不仅能够抑制细菌繁殖，还能减少异味。

用完后清洗干净，在阳台晾晒

每次清理之后，把擦桌布洗净并晾在室外，能够减少异味。

---

memo

每周一次，用含氧漂白剂除菌、漂白

在锅或大碗内放入擦桌布和1/2大勺含氧漂白剂，倒入1L量50℃左右的热水，静置片刻后再冲水洗净。

\ 按材质或种类记忆 /

厨具、餐具的清洗方法

大多数人一般都会用餐具洗洁精来清洗所有的厨具和餐具，其实，每种材质的器具都有其专门的清洗方法。

厨具类

1 菜刀使用后应立即清洗

工具

海绵、餐具洗洁精

可以选用平时清洁餐具常用的工具。

在海绵上倒入洗洁精，按照刀背、刀刃、刀柄的顺序清洁，再用抹布擦干。

菜刀不管用来切什么，每次使用后一定要清洗干净，否则残渣就会留在菜刀上，容易滋生细菌。此外，切过柑橘类水果的刀如果不及时清洗，放置久了就会生锈。

memo

多久磨一次刀？

钢制的刀容易生锈，不管是否需要，建议每月磨一次。不锈钢菜刀只要觉得变钝了，就可以磨。

② 砧板的正确清洗方法

砧板表面容易滋生细菌，无论是木制还是塑料的，必须每日清洗干净。此外，还要注意砧板的放置位置。

用水冲洗后再用海绵刷洗

刷洗后要及时晾干

砧板使用完毕后应立即用水冲洗表面，再用清洁剂仔细清洗划痕中的残渣。

用水冲干净泡沫后，擦净表面的水，竖立于通风处晾干。

海绵、锅刷、餐具洗洁精
轻微的油污可以使用海绵清洗，如切过碎末，建议用锅刷清洗。洗洁精选用餐具专用的即可。

③ 水壶用柠檬酸与小苏打清洗

水壶一般放在灶台附近，很容易变脏。无须每日、但需要定期清洗。

用柠檬酸清除水垢

用小苏打清洗外部的黑渍

工具

加500ml水，放2小勺柠檬酸，煮沸后静置一晚，用海绵刷洗干净。

把水壶整体用水沾湿，撒上小苏打，静置10分钟后再用海绵刷洗干净。

柠檬酸、小苏打
注意柠檬酸与水要混合均匀。小苏打不能用于铝制品！

4 锅的清洗方法要根据材质选择

一般来说，除铁锅外，其他锅具的清洗方法都与不粘锅一样。

铁锅、铸铁锅

用热水清洗

使用后立即用热水和锅刷清洗。洗净后放在明火上，让锅内水分蒸发，然后涂上一层油。

工具

海绵、锅刷、餐具洗洁精
根据不同材质，分别使用海绵、锅刷和餐具洗洁精清洗。

不粘锅

刮去油污

用洗洁精清洗

先用硅胶刮刀去除油污，再用洗洁精和海绵清洗。锅刷容易划伤锅内壁，不推荐。

不锈钢锅

外部焦黑的污垢明显时，可用小苏打清除（→P33）。

搪瓷锅

铝锅

内部出现黑渍时，倒入柠檬酸水煮沸，冷却后刷洗。

砂锅

用完立即清洗，外部也要清洗干净，然后擦干水并晾干。

1 餐具的正确清洗方法

想要轻松快速地洗净餐具，就要了解每种材质的特点，制定一个合适的清洗顺序。只要抓住窍门，就能减少餐具损伤。

工具

硅胶刮刀、海绵

事先用硅胶刮刀去除油污，然后再用海绵清洗干净。

清洗前要做的事

用清水或热水冲洗

用清水或热水把残留在餐具表面的饭粒等食物残渣冲洗干净。

去除油污

用硅胶刮刀去除餐具上残留的酱油、沙拉酱等油污，可一边淋热水一边刮除。

清洗顺序

①

②

③

④

玻璃杯类、木制碗或筷子

首先清洗易碎的玻璃杯以及污垢容易渗入的木制餐具，用抹布蘸泡沫清洁。

较大的餐具

这类餐具比较占空间，应尽早清洗。但是，污垢较严重的可以留到最后再清洗。

较小的餐具

清洗酱油碟、饭碗、小碟子等较小的餐具。先从污垢较少的开始清洗。

有油污的餐具

清洗这类餐具，海绵也会变脏，因此把这类餐具留到最后，效率才最高。

70

2 玻璃杯用柠檬酸与小苏打清洗

由于附着水垢或牛奶中的脂肪成分，玻璃杯容易变得混浊，选择合适的清洁方法很关键。但是此方法不适用于红酒杯的清洗。

浸泡柠檬酸水来清除水垢

工具

柠檬酸、小苏打

柠檬酸能够去除水垢，小苏打可以去除轻微的油污。如果不知道污垢的成分，可以先从柠檬酸开始尝试。

用小苏打擦洗油污

浸泡30~60分钟，然后用热水冲洗。如果还不干净，可以再用小苏打擦洗一遍，用热水冲洗干净。

3 不同材质餐具的清洗方法

瓷器（石制）

出现泛黄时，按照"去除茶渍的方法"清洗。

陶器（土砂）

无须浸泡，用柔软的海绵与餐具洗洁精清洗后，擦净水分。

漆器

玻璃器皿

缝隙处可用旧牙刷清洗，也可用温水冲洗。

进食餐具

不锈钢叉子和汤匙用海绵或旧牙刷、餐具洗洁精清洗。

> **memo**
>
> **去除茶渍的方法**
>
> 推荐使用小苏打或牙膏擦洗。两者的颗粒较小，不会磨伤器具。

水槽打扫的基本原则

食物残渣、水渍、油污等，水槽里十分容易附着这些污垢。为了清理出干净的水槽，请记住这些方法。

1 柠檬酸水是基础，油污过多可用餐具洗洁精

水槽容易附着食物残渣、水垢、油污的等污垢，一般只需喷上柠檬酸水，再用海绵擦洗干净即可。如果油污过多，就用餐具洗洁精清洗。少量油污也可以用苏打水清洗。

工具

苏打水　　餐具洗洁精

2 结块的水垢用柠檬酸膜清除

水龙头的水管根部经常会被水溅到，干了之后就会变成块状水垢。用柠檬酸喷湿纸巾后盖在水垢上，让其自然脱落，然后再用旧牙刷刷洗。最后不要忘了把水渍擦干。

工具

柠檬酸水　　厨房纸巾

3 防止排水口滋生细菌

食物残渣容易在排水口堆积，长时间不清理就会滋生细菌，排水口会变得油腻并散发出难闻的气味。在排水口撒上弱碱性的小苏打，再倒入柠檬酸水，使其产生气泡。这样不仅能使污垢自然脱落，还能除臭。

工具

小苏打　　柠檬酸水

用柠檬酸水或洗洁精擦洗干净

每次洗碗后，都要用柠檬酸水或洗洁精清洗水槽。同样，水槽过滤网周围也要仔细清洗。养成习惯后，就不会觉得这是件麻烦事了。

水槽过滤网周围也要清洗

严重的油污用洗洁精清洗

过滤网用柠檬酸水或洗洁精清洗后，再喷上柠檬酸水，静置风干。过滤网会附着污垢，只倒残渣而不仔细清洗，会导致污垢堆积。

油污较多时，可以在洗碗时往水槽内倒一些餐具洗洁精，顺便把水槽一起清洗。养成习惯后，水槽就可以一直保持光亮、干净了。

水龙头根部的水垢用柠檬酸清除

水龙头水管根部容易堆积水垢，可以使用柠檬酸来清洗。趁水垢还没有堆积太多，提前用柠檬酸喷雾清理干净。如果水垢过多，就需要借助纸巾，覆盖一层柠檬酸膜，使污垢脱落。最后不要忘了把水擦干净。

用柠檬酸喷雾清理水垢

在水垢上喷一些柠檬酸水，擦洗干净。

顽固水垢用柠檬酸膜处理

如果喷雾不能清除，就用浸有柠檬酸水的纸巾铺一层膜，静置一段时间。

用旧牙刷刷洗

静置30分钟后用旧牙刷刷洗。仍旧清除不掉的污垢就用小苏打来处理。

最后擦干净

最后用抹布擦干净水渍。

排水口的污垢用小苏打和柠檬酸水清理

我家的排水口缝隙较小，一般不会堆积大块垃圾。所以清洗时通常只会倒入小苏打和柠檬酸水。如果排水口需要拆卸后清洗，可以把拆卸下来的部分清洗干净后晾干，这样能够去除异味。

倒入小苏打

往排水口倒入1大勺小苏打。

倒入柠檬酸水

把柠檬酸水倒入排水口，200ml左右即可。

打开水龙头，用水冲洗

静置30分钟后，打开水龙头用水冲洗干净。

Q 灶台打扫，哪种方法更轻松？

A

用刷洗的办法
去污

污垢堆积太多，就用洗洁精清洗

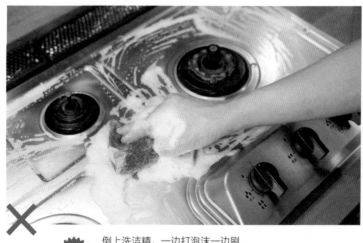

✕

NG! 倒上洗洁精，一边打泡沫一边刷洗顽固污垢，然后再把泡沫擦掉。这样太费事了。

堆积的污垢很难清除

　　说起清理灶台，一般想法就是用洗洁精，一边打泡沫一边刷洗。油污没有及时清理，时间久了，就会很难去除，打扫也变得非常麻烦。费力的清洁工作会让人失去动力，污垢又会越积越多，结果变成一个恶性循环。去除污垢最重要的就是在油污不太严重时，把它清理干净。

B

灶台还有余温时
赶紧擦拭

烹饪结束后立刻用水擦拭

OK! 烹饪结束后，趁灶台还有余温时用水擦
拭。取下锅架时，为避免烫伤，一定要
带上隔热手套。

养成使用完立即擦拭的习惯，不用洗洁精也能保持清洁

　　为了避免污垢越堆越多，打扫越来越麻烦，关键是要养成每次用完灶
台后及时清理的习惯。如果清理不及时，堆积的油污就会产生异味，油腻
而且不卫生。趁灶台还有余温时用水擦拭，油污较容易脱落，所以建议烹
饪后尽早擦拭。但注意不要被烫伤。

灶台打扫的基本原则

灶台四周通常会出现飞溅的油滴、遗洒的调料、食材碎屑等垃圾和污垢。
灶台打扫的窍门是什么呢？

1 油污要趁热擦拭

温度越高，污垢就越容易脱落。当灶台还有余温时，残留的调料、油滴、食材碎屑等都能一擦即掉，只需要用湿抹布擦拭即可。因为操作简单，可以养成习惯。

工具

细纤维抹布

2 顽固污垢用苏打水和小苏打清理

没有擦掉的油污和烧焦的痕迹需要尽早清除。油污可以用苏打水擦拭，轻度的烧焦痕迹可以用旧牙刷蘸小苏打浆糊后清除。趁污垢还没有堆积起来进行清理，是轻松做家务的关键。

工具

苏打水　　小苏打

3 烤鱼架也要每次用完就清洗

烤鱼架每次用完后，用洗洁精清洗干净。如果缝隙处有污垢残留，可以用小苏打清理。内部的污垢可以用沾了苏打水的抹布擦拭。

＼ 缝隙里的污垢用小苏打清除 ／

每次使用完灶台，
趁还有余温时用水擦拭

保持灶台干净的关键就是每次用完都要及时清洁！灶台使用完，趁还有余温（但不会烫伤）时用湿抹布擦拭，一般都能清除污垢。平时就算是烧开水，趁着还有余温擦拭炉架也很方便。

小部件也要
擦拭干净

炉架等可以拆卸的灶台部件也
要用水擦拭干净。

擦得光亮

memo

每次使用后都要清理

不仅是灶台，微波炉、烤箱等家电也一样，不要等污垢堆积起来了再去清理，要在每次使用后都清理干净。刚滴上的油污可以趁热擦除。长期堆积下来的污垢，可以根据污垢的种类选择对应的处理方法（→P90）。

长期堆积的污垢用苏打水，
块状的顽固污垢用小苏打清除

顽固污垢可以用苏打水或小苏打来清除。没有趁热擦拭灶台的话，可以喷一些苏打水后用抹布擦拭。苏打水也没法去除的顽固污垢，可以用小苏打浆糊使其脱落。

苏打水可以分解油污

难清除的污垢用苏打水擦拭

清水擦拭不掉的油污，可以用苏打水来清除。

用小苏打和旧牙刷擦洗

缝隙处用小苏打擦洗

火眼周围的焦黑污垢可以用小苏打清理，效果十分明显。

烤鱼架每次使用完应立即清洗

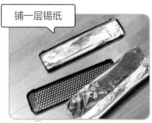

铺一层锡纸

为了防止散热口堆积污垢，可以铺一层锡纸。

灶台自带的烤鱼架每次用完后，把能拆卸下来的部分及时清洗。使用洗洁精，一边打泡沫一边清洁托盘和烧烤网。此外，在散热口挡板处铺一层锡纸，能防止油溅入散热口中。

无须取下

只有在烤鱼时才需要除去锡纸，放在固定位置。

memo

为了防止滋生蚊虫，每日打扫十分重要

托盘和烤鱼架上的油污一旦堆积起来，就会形成块状的顽固污垢，极易滋生蚊虫。因此，每次使用后都要及时清理。

每周1次

＼ 焦黑的油污统统不见了！ ／

灶台的去污方法

如果平时注意用水擦拭清理，污垢就不会堆积太多。没有及时清理，变成顽固污垢后就使用小苏打、苏打水、洗洁精等来清理。

1 烤鱼架的托盘用小苏打清理

烤鱼架托盘的顽固污垢用小苏打来清理。除了刷洗之外，关键是要注水后加热一下。同样的方法也适用于清理烤炉内部。

工具

小苏打

呈弱碱性，可以中和酸性的油污，使其脱落。

往托盘倒水，在污垢上撒小苏打，然后加热烤鱼架。

冷却后取出，用海绵擦去污垢。

② 小部件也用小苏打，煮沸后清理

卸下灶台的小部件，在污垢处撒上小苏打，放入锅内，倒水后煮沸，顽固污垢就会自然脱落。

把火盖等小部件一次清理干净。

工具

小苏打

煮沸后依然没能清除的污垢，可以尝试直接撒上小苏打，用刷子擦洗。

③ 灶台处的墙壁用苏打水或洗洁精擦洗

溅上油而变脏的墙壁可以用苏打水来擦拭清理。需要深度清洁时，可以用洗洁精擦洗，然后用抹布擦拭干净。

一边喷苏打水一边用抹布擦拭。

将洗洁精擦出泡沫，然后擦拭干净。

工具

苏打水、餐具洗洁精

都能分解油污。轻微的油污用苏打水就足够了。

Q 换气扇打扫，哪种方法更轻松？

A

连顽固污垢也能去除！

覆盖一次性过滤纸，每半年浸泡并清洗一次

OK! 把拆卸下来的零部件装进垃圾袋或大塑料袋里，用含氧漂白剂和50℃的热水浸泡。

定期浸泡，污垢轻松去除

清洗油烟机换气扇十分麻烦，但仍需要定期进行。覆盖一次性过滤纸能够防止污垢堆积，再加上每半年一次的浸泡清洗，就能够有效地去除污垢。换气扇的构造较为复杂，使用含氧漂白剂浸泡后再清洗，就能轻松去除污垢。如果小部件也变得油腻，也可以和扇叶一起浸泡清洗。

B

轻度污垢用洗碗机清洗！

不覆盖一次性过滤纸，每月一次用洗碗机清洗

OK! 洗碗机能够把各个部分都清洗干净。
不过，较脏的话还是手洗更放心。

如果能够进行细致的维护保养，也可以用洗碗机清洗

如果能够每月进行一次维护保养，用洗碗机清洗扇叶及零部件也是非常方便的。但如果油污过于黏稠，用洗碗机清洗可能会造成机器故障。因此，轻度的油污可以用洗碗机清洗，其他情况请自行判断。

换气扇打扫的基本原则

油烟机换气扇最难清洗的就是上面附着的各种黏稠的油污。平时定期清洗，大扫除时就轻松多了。

1 覆盖一次性过滤纸，防止油污附着

工具

油烟机换气扇如果长期不清理，就会堆积油污，十分难清洗。解决这个问题的办法是覆盖一次性过滤纸。即使油污再多，只要更换过滤纸就可以了，清洁起来也方便。

一次性过滤纸

2 操作面板用苏打水擦拭

工具

烹饪时的蒸汽含有油，常常会附着在油烟机的操作面板和外罩上，形成黏稠的油污。长期不清理的话，就会变成难以清除的顽固污垢，可以用苏打水擦拭。使用纸巾，用完丢弃即可。

苏打水　　　厨房纸巾

3 扇叶浸泡清洗

工具

扇叶容易附着顽固污垢，建议每半年浸泡清洗一次。把扇叶、螺丝等小部件一起放入大垃圾袋内，倒入含氧漂白剂和热水浸泡，污垢自动脱落、浮出水面后，清理起来就更方便了。

含氧漂白剂

水桶　　　大垃圾袋

每月用苏打水擦拭一次操作面板和外罩

清洗油烟机换气扇看起来十分麻烦，但是通过平时的定期清理，大扫除时就会十分轻松。清洁换气扇时，可以用纸巾代替抹布擦拭，可以节省洗抹布的时间。

用苏打水和纸巾擦拭
把苏打水喷到脏的地方，再用纸巾擦拭。

防止油污堆积！

一次性过滤纸每月更换一次
不但能够减轻家务负担，还能防止污垢堆积。

memo

烹饪完成后让换气扇继续工作一会儿

烹饪完成后，让换气扇继续工作一会儿。这样油污就不容易附着在操作面板和外罩上，打扫也就变得轻松了。

每年2次

\ 定期打扫是关键! /

换气扇的简易维护与保养

覆盖一次性过滤纸，防止油污堆积，麻烦的换气扇清理只要半年进行一次就可以了。

1 使用含氧漂白剂和热水浸泡扇叶

把大垃圾袋套在水桶内

依次放入换气扇扇叶、50℃左右的热水10L、含氧漂白剂100g。

清洗构造复杂的换气扇时，关键在于让污垢自然浮出水面。即使没有洗碗机，只要用含氧漂白剂浸泡，也能清洗干净。

工具

含氧漂白剂

能够溶于50℃的热水中，发挥出强大的洁净功效。

绑紧袋口后左右晃动

晃动可以使漂白剂完全溶于热水。

漂白剂能够让污垢自然脱落

静置1小时以上，热水冷却后再用洗洁精和旧牙刷清洗。

2 能够在水槽清洗的小部件，可用洗洁精清洗

小部件或过滤网可以用洗洁精和旧牙刷刷洗。污垢太黏腻的话，可以用含氧漂白剂清洗。

工具

旧牙刷、橡胶手套

旧牙刷适合用来刷洗细微处，橡胶手套能防止双手被腐蚀。

3 使用蒸汽清洁器轻松去污

蒸汽清洁器喷射出来的蒸汽大约为100℃，油污能自动脱落。最后再用纸巾擦净即可。

注意不要被蒸汽烫伤！

蒸汽清洁器喷过的地方，油污都十分容易清理。

让污垢自动脱落

memo

蒸汽清洁器也可用于地板清洁

蒸汽清洁器有除菌、除臭的功效。只要更换喷头，就能够方便快捷地清洁地毯、地板、榻榻米的缝隙处。

微波炉、烤箱、烤面包机的维护与保养

每次使用完毕后都进行清理，能有效防止顽固污垢堆积。

1 微波炉、烤箱用完后，趁还有余温时擦拭

仍有余温时进行擦拭，清洁效果十分显著。冷却后污垢就会结块，难以清理。应在温度降到不会烫伤人时，迅速将污垢擦拭干净。

内部用热水擦拭

用浸过热水的抹布擦拭电器内部，门板背后也别忘了擦净。

外部用苏打水或酒精擦拭

厨房的油烟会附着在各处，可以使用苏打水或酒精，用抹布擦拭。

抹布、苏打水、酒精

顽固油污使用苏打水清理，然后再用酒精擦拭。

2 电器内部的清理方法

电器内部的污垢一般是块状油污和烧焦的痕迹，可以使用小苏打清除。尤其是烤肉、烤鱼用的烤箱，一定要注意不能放置太久，否则污垢就会难以清除。

小苏打

污垢主要成分是油，可以用小苏打令其脱落。

烤箱内顶部用小苏打清洁

水中撒一点儿小苏打，将烤箱预热至250℃。趁还有余温时擦拭烤箱内四壁。顶部可以等冷却后再清洁。

微波炉要放入耐热容器

200ml水中放2大勺小苏打，然后将容器放入微波炉加热三四分钟。让蒸汽蒸腾15分钟后，再用抹布擦洗。

3 烤面包机的清理方法

烤面包机内部空间狭小且温度较高，会附着许多油污。要是这些油污起火，很有可能酿成火灾。建议定期清理。

苏打水、小苏打

外部的油污使用苏打水喷雾，小苏打搅拌成浆糊使用。

清理垃圾碎屑与擦拭是基础

把内部的面包屑清理出来，外部的污垢用苏打水擦拭。

焦黑的部分撒上小苏打后用旧牙刷刷洗

内部焦黑痕迹严重时，可以用小苏打浆糊，再用旧牙刷刷洗。

Q 冷藏室收纳，哪种方法更方便？

A

一眼看去好像
十分整齐

使用收纳盒存放

OK! 收纳盒的形状、功能如果适合，
也能有不错的效果。

收纳盒虽然方便，但无法对盒里的东西一目了然

收纳盒会给人十分整齐的印象，不过东西放进去后，就有可能会被忘记，想起来的时候已经过了保质期。使用收纳盒时，要选择能够看见盒内物品、拥有保质期提醒的类型。此外，冰箱内要留出一定空间，不要塞满东西。这不仅有利于冷气循环，也能节电。

B

确定每层收纳的物品

> 东西存放位置一目了然

OK! 只要预留足够空间，物品的位置和数量就能一目了然。最上层作为预留空间空置。

保证足够的预留空间

冷藏室的整理收纳有一定的原则。把冰箱按照常喝的饮料、早餐使用的材料、马上用来做饭的材料、长期存放的材料等用途划分为几个区域。冷藏室内部要保持整洁，物品摆放的位置要一目了然。买回来的东西只要剪去多余的包装，就能直接放进冰箱里，还省下了更换容器的麻烦，方便又卫生。

Q 蔬菜保鲜层收纳，哪种方法更方便？

A

空间难以全部有效利用！

保持购买时的原状，直接放入收纳盒

OK! 使用收纳盒乍看会显得整齐，但很容易造成不必要的空间浪费。

看不到里面的东西，十分不方便！收纳盒也有缺点

　　蔬菜的形状、大小各异，许多人习惯用收纳盒来存放蔬菜，乍一看，使用收纳盒干净又方便，但实际上，收纳盒需要及时清理，反而会更麻烦。再加上各种收纳盒的大小并不能完美组合搭配，容易造成空间浪费。建议可以先把空的纸袋或盒子放进冰箱，实际测量一下是否真的需要用收纳盒；如果需要，选择什么规格的收纳盒，就能通过空盒子测试得到答案。

B

便于收纳，也方
便烹调时拿取

适当处理后，分类放入纸袋或食品塑料袋收纳

OK! 切成适当大小后再用保鲜膜或食品塑料袋
分装，既方便又整齐。

用纸袋和食品塑料袋实现完美收纳

　　洋葱这类外皮容易脱落或带有泥土的蔬菜，可以放在由纸袋做成的简
易菜篮里。纸袋的形状可以随时改变，能够最大限度地利用空间。此外，
较长的蔬菜可以切成两半，叶菜类可以按照烹饪需求切成合适的大小，再
分别用保鲜膜或食品塑料袋保存。收纳时注意要尽量将物品直立摆放，既
能够节省空间，又可以一目了然。

冰箱收纳的基本原则

我们常常把东西使劲往冰箱里塞，使得冰箱内变得十分拥挤。如何既卫生又整齐地收纳，请记住以下几个原则。

1 确定统一的收纳方式

根据家人的习惯、早餐所用的材料、饮料、收拾好的食材等确定每样东西的摆放位置，记住要全面考虑全家人的习惯和需求。

非必需

收纳盒

2 冷冻室要采取立式收纳

食材堆叠放置，需要时很难取出。焯过水的青菜、调过味的肉和海鲜类要装入保鲜袋，放入冷冻室，饭要用保鲜膜包好后放入冷冻室。将物品竖立的立式收纳不仅节省空间，还方便取用。

工具

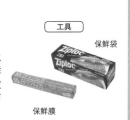

保鲜袋

保鲜膜

3 改造蔬菜保鲜层使用的纸袋

蔬菜多少都会掉落一些泥土，蔬菜保鲜层极易堆积碎屑。将蔬菜切成合适的大小，再放入食品塑料袋或包入保鲜膜内，直立收纳。洋葱通常是带皮保存，可以用纸袋做成的方形纸篮收纳。

\ 把边缘向内折，即可变成箱子的形状

根据用途划分摆放区域，收纳时要确保一目了然

冰箱内部的摆放要根据全家人的习惯来确定。一味地往里塞东西，只会让食物堆积在冰箱深处，等到想起来时都已经过了保质期。为了避免这种情况，摆放时要注意东西的位置，尽量让人一目了然。

最上层空置

想把整锅料理冷藏时，就不用担心没位置了。

预处理过的食材

放入同样规格的容器中保存。全部放在同一层显得十分整齐。

家人常喝的饮料

把饮料放在一眼就能看到的地方。

早餐需要用到的材料

酸奶、奶酪等，把早餐需要用到的材料统一放置。

肉和鱼等

马上会用到的食材移入冷藏室中存放。注意把标注保质期的标签放在明显的地方。

调味料和饮料放在冰箱的门架上

冰箱门架不仅收纳空间充足，而且层次分明，非常适合放置调味料或饮料。如果出现无法放进门架的调味料或饮料时，就有必要反省一下了：体积这么大、量这么多的调味料能在保质期内用完吗？

调味料等

按照日式、西式、中式等方法进行大致地分类摆放。不仅整齐，余量也一目了然。

> **memo**
>
> **大包装的调味料用不完还占地方！**
>
> 为了图便宜会购买大包装的调味料，但总是保质期过了还没用完。所以，选择合适的分量，是冰箱保持干净整齐的关键。

饮料等

茶水、牛奶、红酒等放在门架下层的大收纳层内。

立式摆放是冷冻室收纳的基本原则

冷冻室收纳应尽量减少空隙，因此立式摆放是最合适的。不仅能够冷冻得更均匀，物品种类也一目了然。方便找到所需物品，也减少了冰箱打开的时间，在一定程度上可以节约用电。为了更便于立式摆放，需要把食材装袋后放在较浅的冷冻层里，冻成木板形状。

较浅的冷冻层里这样摆放

保存容器放这里

放在容器里冷冻

简单预处理过的食材可以装袋后冷冻，形状要做成类似木板的扁平形，更容易立式摆放。

memo

煮好的高汤、咖啡粉都可以冷冻！

把煮好的高汤分成小份，装入容器中，咖啡粉也放入合适的容器内冷冻保存。不仅使用方便，还能留存味道。

蔬菜保鲜层要尽量避免食材叠放

蔬菜保鲜层较深，应把食材竖立摆放。横放或堆叠容易造成遗忘，最后只会在角落找到变软的黄瓜或干掉的萝卜。因此，摆放时应尽量直立起来摆放，较小的食材则放入上方的抽屉中。

叶类蔬菜可以把叶片摘下后直立摆放→P234

生菜等叶类蔬菜需要把叶片摘下，洗净后叠放整齐，装入塑料袋，直立放入保鲜层内。

体积较小的食材放在上方的抽屉内

柠檬、牛油果或使用中的香料等，都可以放入上方的抽屉中。

memo

塑料收纳盒数量不宜过多

蔬菜保鲜层内的塑料收纳盒如果数量过多，就会占用原本的存放空间。无法直立摆放的蔬菜可以使用收纳盒。针对不同食材，可以采用灵活多变的收纳方法。

切碎的蔬菜放在最外边，方便拿取

把油菜、水菜、白菜洗净、沥水后切段。这样处理过的菜叶容易蔫，所以尽量放在靠外的位置，提醒自己尽早食用。→P235

脏了就直接丢弃

带皮或沾有泥土的食材放入纸袋内

洋葱、土豆可以放入由纸袋折叠成的纸盒内，还可以根据食材多少调整纸盒的高度。

长蔬菜不要横放

白萝卜一类的长蔬菜可以切成方便存放的大小，包上保鲜膜，放入袋中，直立摆放在保鲜层内。

\ 跟黏糊糊的污垢说再见! /

冰箱打扫的基本原则

冰箱外部容易附着油污和皮脂污垢,内部则容易附着食物、料理残留的汤汁。只要掌握打扫时机与窍门,就能够与冰箱污垢说再见。

1 冰箱外部 需要认真清理

工具

冰箱门容易附着手上的皮脂污垢,顶部则会堆积油污和灰尘,容易形成黏性污垢。因此,冰箱门适合用酒精擦拭,去污同时还能除菌。顶部的污垢每个月用苏打水擦拭清理一次即可。

酒精　　　厨房纸巾

2 趁冰箱内存放的食材 较少时进行打扫

\ 剩余空间较多时就 是打扫的良机 /

存放的食物较少、剩余空间较多时,就是清理冰箱的最佳时机了。也就是说,添置食材的前一天打扫最合适。如果冰箱内的东西实在太多、不方便打扫时,可以每打扫一层,就把那一层的东西取出,打扫完毕再放回。

3 顺便检查食品 是否过期

\ 检查是否过期 /

打扫冰箱内部时,可以顺便检查一下食品、调味料的保质期,看看是否有过期食品。如果发现有快要过期的,就把它移至最上层,尽快食用。已经过期的则按照垃圾分类后丢弃。

外部用苏打水或酒精喷雾擦拭

清理冰箱外部时，根据不同位置的不同污垢，选用苏打水或酒精清理。此外，擦拭过油污的抹布较难清洗，建议使用纸巾。

冰箱门用酒精擦拭

容易附着皮脂污垢以及容易滋生细菌的缝隙可以使用酒精擦拭，这样既卫生，又能有效除菌。

冰箱顶部每月用苏打水擦拭一次

冰箱顶部容易堆积油污和灰尘，时间久了会形成黏腻的污垢。可以使用苏打水和纸巾擦拭。

memo

按照不同情况分别使用苏打水与酒精

苏打水能够有效地去除油脂等污垢，而酒精则具有强大的除菌作用。根据打扫的目的，有选择性地使用这2种清洁剂。

\ 保持冰箱内干净卫生！/

冰箱内部的简易保养

冰箱内存放的物品较少时就是最佳的打扫时机。打扫的同时可以顺便检查食品的保质期，考虑一下应该如何处理。

1 用酒精擦拭冰箱内部的架子和胶条

冰箱内容易残留汁液，极易滋生细菌。从蔬菜保鲜层到鸡蛋放置层等直接接触食材的架子，都可以用酒精来擦拭。这样不仅避免了食材直接接触化学制剂，而且还能除菌。

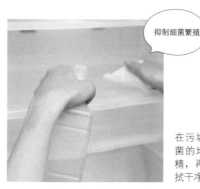

抑制细菌繁殖

在污垢或想要除菌的地方喷上酒精，再用纸巾擦拭干净。

缝隙也不要遗漏

用浸满酒精的纸巾清洁胶条缝隙中的污垢。

工具

酒精

打扫与除菌双管齐下，才能保证冰箱内部的清洁。

2 用柠檬酸水和酒精清理制冰机

有的冰箱带有制冰机，清理时，按照说明书将制冰机取出并洗净，再往制冰机里倒入柠檬酸水，制作柠檬酸冰块，可以用来清理机器管道中堆积的污垢。制冰机的滤纸有使用期限，记得按时更换。

把取下来的制冰机泡入柠檬酸水中清洗干净。

清洗后再喷上酒精，用纸巾擦拭一遍。缝隙也不要遗漏。

NG!

请勿食用!

提醒不要误食柠檬酸冰

用柠檬酸水制冰后，再用水制一次冰。制作出来的冰直接丢弃。第二次制作的冰块才可以食用。

工具

柠檬酸、酒精

用柠檬酸水清洗制冰机内的污垢，既可以浸泡后清洗，也可以利用制冰块的方法。清洗后再用酒精擦拭一遍。

---

memo

冰箱底部在大扫除时清理

稍微移动一下冰箱，就会发现污垢总是会在意想不到的地方堆积。冰箱与墙壁的夹缝、排风口等处也堆积了大量的灰尘。这些地方记得要在大扫除时清理干净。

Q 调味料收纳，哪种方法更方便？

A

看着整齐，而且方便取用

摆放在较深的抽屉内

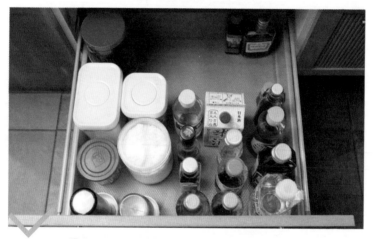

OK! 酱油、甜酱摆放在固定的位置，不要混在一起。尽量靠外摆放。

不占用厨房料理台，看上去整齐、清爽

　　首先，要弄清家中调味料的种类与分量，哪些是经常使用的。以此为依据，选择收纳空间的大小。我使用了一个较深的抽屉来收纳调味料。料理台上少了那些瓶瓶罐罐，显得相当整洁。建议把调味料分类后再进行收纳摆放，清洁收纳盒较为麻烦，所以不推荐使用。此外，还要注意养成用完就放回原处的习惯。

B

虽然容易取用，
但会粘上
黏腻的污垢

摆放在料理台上

OK! 如果调味料种类较少，也可以直接摆放在料理台上。
但是，料理台的温度变化较大，并不适合存放。

容易取用，但也容易被油污溅到

如果调味料种类较少，可以直接摆在料理台上，方便取用，也不会因
为存放在看不到的地方而忘记使用。但是烹饪过程中调料瓶极易溅上油
污，在瓶身形成难看的污渍。

Q 香料收纳，哪种方法更方便？

A

虽然这样也能知道瓶中的物品

装入瓶中，在盖子上贴标签

OK! 如果不觉得制作标签麻烦，用这个方法也可以。粘贴时注意贴牢。

标签虽然方便识别，但是制作很花时间

有些家庭不怎么使用香料，那就可以直接把香料放在冰箱里。而拥有较多种香料的家庭，可以把同种类的香料装入一个玻璃瓶里，在瓶身标注香料名称。但制作标签这个事本身就比较麻烦。

B

不用标签也能知道瓶中内容

把瓶子倒扣、排列摆放

OK! 一眼就能看到余量，方便及时补充。

无须花费额外时间，种类和余量一目了然

不需要制作标签也能一眼就分辨出瓶中的香料，那就是把瓶子倒扣过来摆放。如此一来，香料的种类和余量就非常直观。我家使用的香料有好多种，这种方法可是帮了大忙。把香料瓶放入较浅的抽屉中，排列摆放，既整齐又方便取用。

调味料、香料收纳的基本原则

家里的调味料和香料总是在不知不觉中越买越多,怎样收纳是个很头疼的问题。一起来学习一下便捷的收纳方法吧。

1 了解家中的调味料、香料种类及分量

首先,了解家中所有调味料、香料的种类和分量。然后按照酒类、油类、粉类等进行分类;罐头和干货按照大小和形状分类。这样不仅会显得整齐,也方便使用。

调味料

干货和罐头

2 将香料装入玻璃瓶内

把香料移入玻璃瓶内存放。可以购买一些能够放入抽屉里的玻璃瓶,装入香料后,无须制作任何标签,将它们倒扣在抽屉内即可。小瓶的香料建议横放。

工具

玻璃瓶

3 存放粉类的容器要能完全装入整袋调味料

淀粉等粉状调味料要从袋中移入瓶中储存。粉类调味料很难从外表上判断类别,因此,可以将面粉放入较大的瓶内,淀粉则放入较小的瓶中保存。尽量选择能够装入一整袋粉的瓶子。无须做标签,即可从瓶子大小判断瓶中的物品。

工具

各式各样的储存容器

把调味料分类，排列摆放

调味料可放入较深的抽屉中收纳。在抽屉里铺一层防滑垫，就能预防开关抽屉而导致瓶身倾倒。按照油类、酱油类、酱类等分类后再摆放，粉类及海带要装入其他容器内存放。

容器必须装下一整袋的量
面粉选择较大的瓶子，淀粉用较小的瓶子收纳。尽量使用与袋装容量接近的容器存放粉类。

防滑垫可以防止瓶身倾倒

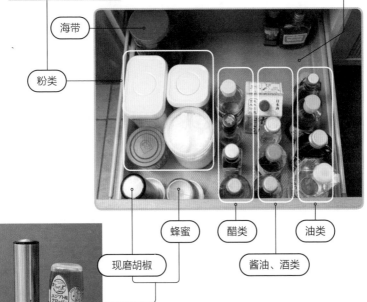

海带

粉类

蜂蜜

醋类

油类

现磨胡椒

酱油、酒类

易漏出的调味料要配盛放碟
现磨胡椒或蜂蜜等易漏出的调味料需要配套放置一个盛放碟。这样打扫起来会方便许多。

袋装调味料移入瓶中储存，小瓶香料横放排列

标签清晰可见

剩余量一目了然

小瓶香料卧倒排放

如使用的香料种类较多，
一般是将瓶身卧倒、排列摆放。

袋装香料移入瓶内后倒扣摆放

香料用瓶存放能够保证密闭
性。把瓶身倒扣，无须做标签
也能知道瓶中的内容。

设计精致的香料瓶通常体积较小，如果不经常使用就会忘记它的存在。只
要把这些小瓶子横放并排列整齐，就可以增加它们的使用率，不必担心浪
费了。

将干货及罐头分类后装袋储存

面包和意大利面也放在同一层

把面包放入密闭容器内，防止变干。
建议选用透明盖子的容器。

蛋糕材料

豆类　　海藻类

根据食物库存变化，改变分类方法

每次烹饪后，干货的余量和种类都会发生改变。要根据变化重新进行分类。同时还要检查一下是否临近保质期。

罐头等应急食品统一放入袋子内，摆在厨房

保质期快要到了的，可以在日常食用，然后再买新的补充进去。根据保质期选择合适的处理方法，可以减少浪费。

干货的外包装袋上会有保质期、食用方法等重要信息，应将包装袋一起放入袋子存放。袋子如果脏了可直接扔掉。

时刻做好应对灾害的准备

应急物品可以在日常料理时或旅行前替换。

灾害什么时候发生谁都不知道，应急物品一定要准备好

　　就算平时生活中努力地减少物品数量，但是为了面对无法预测的灾害，仍需要准备应急物品。可以把行李箱当作应急物品存放箱。准备必要的应急物品时可以参考防灾书籍或市面上售卖的防灾应急包。将行李箱放到玄关附近的收纳箱中，旅行时把里面的东西都拿出来，而这也是挑选应急物品的时候。

应对突发灾害的准备

用塑料瓶装满水

塑料瓶装满水后摆放在厨房的角落。平时烹饪时也会用到，所以水是经常更新的。而且水保持常温，比冰水更容易煮沸。

罐头食品滚动储存

应急罐头食品摆放在厨房里，平时也可以食用。将一个结实的购物袋提手部分往外翻，做成一个储存箱的样子。遇到突发灾害时，方便带走。

旅行箱里放有对折式的盛水容器、锡纸片、简易厕所等
防灾专用物品，以及旅行用的洗漱化妆包和口罩。

Q 平底锅收纳，哪种方法更方便？

A

虽然方便
取用，
但是……

挂在灶台附近的墙上

OK! 平底锅数量较少，可以用这种方法；如果
数量多的话，就会显得十分杂乱。

容易溅上油，也不方便清理墙壁

把平底锅直接挂在墙上确实是个省事的办法，使用时伸手就能拿到，
而且还能最大限度利用厨房空间。但是，靠近灶台就意味着容易被油溅
到，没用过的平底锅也会粘上一层油污。而且，打扫厨房墙壁时还得把它
们一一取下。实践证明，这种收纳方法其实更加费事。

B

全部收进柜子里，外边瞬间变整洁！

叠放在灶台附近的柜子里

OK! 最大的平底锅放在最外面，然后由大到小叠起来。
这样既能保持平底锅干净整洁，又方便取用。

叠放进柜子，更加便于料理

柜子如果足够深，可以把平底锅、锅盖以及锅垫一起叠起来放进去。重点是要选择一个靠近灶台的柜子收纳。需要时能够方便取用，做料理也变得轻松许多。而且，还能保持料理台和灶台的干净整洁。

厨具收纳的基本原则

平底锅、汤锅、菜刀、搅拌盆等厨具的整理收纳,最关键的是要了解这些厨具要在哪里使用。

1 在哪里使用? 用来做什么?

在灶台使用

在料理台和水槽附近使用

整理收纳厨具时,需要考虑这些厨具平时使用的场所。比如搅拌盆、砧板、菜刀等厨具使用频率较高,可以把它们放置在水槽附近,方便清洗。汤锅和平底锅一般都会用到火,把它们放在灶台附近,烹饪时就更加得心应手了。

2 偶尔用到和较重的 厨具放最下层

搪瓷锅等使用频率低或较重的厨具可以放在柜子最下层。经常使用的炒菜锅和平底锅放在中间层。还可以把不锈钢搅拌盆叠放入下层的柜子,较小的玻璃容器则放入最上层。

较重的锅等厨具可以放在最下层

3 有一定高度的厨具放 在水槽下面

高压锅、蒸锅、瓦罐、搅拌机等有一定高度的厨具一般放在水槽下面。水壶也可以放在这里。较高的厨具放在里面,外面放一些稍矮的厨具,这样就能清楚直观地看到整个柜子里的厨具分布。

把水槽下面的空间有效利用起来

刀具和搅拌盆尽量收纳在水槽附近

除了菜刀，其他带刃的厨具也应一起收纳

选取几把常用的菜刀，并妥善放入刀架内。厨用剪刀等其他厨具也放在同一处。

菜刀或厨用剪刀等带刃的厨具，以及搅拌盆、托盘等经常会在水槽附近使用的厨具，可以收纳在水槽附近，方便取用。

料理用的玻璃容器和小盘分类叠放整齐

不锈钢搅拌盆从大到小叠放

较大的放在最下层，方便取出，其他零散碗碟按类别收纳。

汤锅或平底锅收纳在灶台附近

平底锅、方形厚蛋烧锅、锅垫等按类别叠放

按照不同类别摆放，最大的在最下面。方形厚蛋烧锅和锅垫也一起收纳。

汤锅和平底锅一般在灶台使用，为了方便拿取，可以把它们收纳在灶台附近的柜子里。我家的锅具拉柜上层放的是平底锅，下层放的是汤锅。锅盖和锅垫也一起收纳。

搪瓷锅等较重的锅放在下层

有锅盖的锅盖紧后放入下层拉柜。双柄锅和单柄锅一起叠放。

有一定高度的厨具收纳在水槽下面

拉柜或抽屉里放不下的、有一定高度的厨具，比如高压锅、蒸锅、搅拌机等，可以放到空间更大的水槽下面。较高的厨具放在最里面，这样所有厨具就能一目了然。平时用的保鲜盒也收纳在这里，盒身和盖子分开叠放整齐。

高压锅、蒸锅等厨具直接摆放

由于这些厨具形状独特无法叠放，直接摆放即可。较高的放在最里面。

保鲜盒按照类别，把盒盖与盒身分开叠放

只保留几种经常使用的保鲜盒，盖子和盒身分开叠放，既方便取用又节省空间。

\ 放眼望去干净整洁！/

厨房整体收纳小妙招

调料与厨具收纳得当，厨房就会显得非常整洁。

看得到的地方尽量不要摆放过多物品

厨房会用到各种各样的餐具、厨具、打扫用具，只将最常用的放在外面。食材也一样，只把当天确定要用的食物放在显眼的位置，防止忘记，避免浪费。如果把不常使用的厨房用具摆在外面，只会逐渐侵占制作料理的空间。

灶台周围放置的厨具要精心挑选

将长筷子或木铲放在外面，是为了让它自然晾干。厨房常用的纸巾和盐也可以放在外面。

memo

油、调料、食材等都是造成厨房变脏的原因，要妥善收纳

油溅出来了就马上擦掉，这样能减少打扫厨房时的工作量。但前提是厨房不可以放置过多的物品。

当天要用的食物摆放在显眼的容器内

快要到保质期、需要尽快吃完的食物，把它们放入显眼的容器内，确保不会忘记。

清洁剂与海绵统一放在一处

洗洁精、海绵、刷子、柠檬酸、苏打水等统一摆放在一处。

布类可以挂在水槽附近的墙上

擦手巾与洗碗布可以挂在水槽附近、方便取用的地方。

Q 厨房小物件收纳，哪种方法更方便?

A

乍看很整洁，
但是收纳数量
有些少

借助分类收纳盒，摆放在抽屉里

OK! 如果厨房小物件的数量较少，或想明确按
照类别来收纳时，可以用这种方法。

分类收纳盒会占用一定的收纳空间

    汤勺、量勺等可以放入抽屉的小物件可以全部收纳在同一层抽屉里。
由于种类繁多，使用分类收纳盒来划分收纳空间也不失为一种好方法。固
定收纳位置也会便于清理。但是，这种方法在一定程度上会占用收纳空
间，分类收纳盒本身也同样需要清理。

B

大致区分一下，
尽可能多地收纳

不使用分类收纳盒，仅按照种类摆放

OK! 只要确定好摆放的顺序，就可以省下分类收纳盒的
空间，让整个抽屉都能得到有效利用。

确定好摆放顺序，无须使用分类收纳盒

不使用分类收纳盒就能够放入更多的物品。每种小物件的形状、长短都不同，看起来非常杂乱。但是，不用担心。量勺、刷子等常会在水槽附近用到的，放在靠近水槽的一侧。汤勺、锅铲等在灶台使用的，放在靠近灶台的一侧。只要像这样大致区分摆放位置即可，不仅整洁，还便于使用。

\ 便于取用！/

厨房小物件收纳的基本原则

多种小物件放在一起会变得杂乱无章，不便于取用。这时就需要重新评估各种厨具的使用频率，选择合适的收纳方法。

---

1 收纳在使用场所附近

每天使用的厨房小物件分两类，一类是在水槽附近用来处理食材的量勺、打蛋器等；另一类是在灶台烹调时使用的汤勺、锅铲等。把厨具按照使用场所分门别类进行收纳。分类收纳盒可用可不用。

非必需

用于分类收纳

---

2 保鲜膜或抹布放入抽屉收纳

干净的抹布可以放入抽屉收纳。把抹布折叠后立着放进抽屉里，毛巾也可以这样收纳。此外，使用中的保鲜膜、锡纸以及保鲜袋等都可以放入抽屉。第一层抽屉适合收纳使用频率较高的物品。

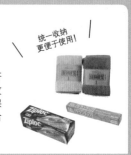

统一收纳更便于使用！

---

3 备用和储存类物品放入抽屉收纳

清洁剂、垃圾袋、塑料袋等备用或储存用的物品收纳，确实是个不小的问题。这类用品可以按照类别放入抽屉收纳，也便于整理。如果没有收纳空间，也可以把家中的大纸箱活用起来。

放入储存物品的专用抽屉里

按使用场所不同，把厨房小物件分成两类，分别靠近水槽或灶台收纳

灶台附近使用

汤勺、锅铲、夹子等需要在灶台烹调时使用的小物件，集中放在靠近灶台的一侧。

水槽附近使用

量勺、刷子、打蛋器等在烹调前使用的厨具，集中放在另一侧，即靠近水槽的一侧。

与锅具和菜刀一样，厨房小物件也要根据使用场所以及使用目的来决定收纳地点。我家的厨房小物件全部放在第一层抽屉里，大致分出了靠近水槽和靠近灶台两部分。

memo

不常用的厨具全部放在篮子里

棉线、碎冰器、寿司卷帘等使用频率不高的厨具就集中收纳在一个较浅的篮子里，放在抽屉最里面。这样能方便其他常用厨具的取用。

布类折叠后竖立摆放，便于使用时取出

厨房用到的所有布全都收纳在同一层抽屉里。按照毛巾、抹布等类别竖着排列摆放。这样不仅方便使用时取出，还能让你对毛巾和抹布的种类和数量一目了然。

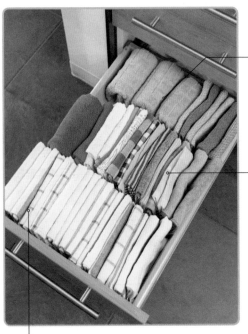

擦手巾类

平时用的擦手巾和客人专用的擦手巾一起放到抽屉最里面。

烹饪时使用的布类

烹饪时用来擦手、防烫的抹布放在抽屉中间。

擦碗布

用来擦拭餐具的布放在抽屉最外边，便于取用。擦拭后可以直接挂起来。

常用的可以挂出来

水槽附近可以安装一个挂钩，抹布用完后就可以直接挂上，十分方便。

保鲜膜、保鲜袋、塑料袋也放入抽屉

我家会把正在使用的这类包装用品统一放在同一层抽屉内。把它们竖立排列可以方便使用时取出。没有开封的放在其他收纳箱里。

塑料袋

与其他相比，使用次数较少，所以放在最里面，袋口朝外。

盒装保鲜袋

把包装打开，便于使用时抽取。一般按照尺寸大小排列。

保鲜膜、烘焙纸、锡纸等

也放入抽屉收纳。按照外包装盒的长度排列摆放。

餐具收纳在离餐桌最近的抽屉里，划分好固定位置

常用的

从各个类别里挑选出日常用餐需要的数量，摆放在最外边。

物品收纳在距离使用场所近的地方，是收纳基本原则之一。也就是说，筷子、勺、叉子、餐刀等餐具要收纳在距离餐桌最近的抽屉里。可以根据餐具种类划分空间。

---

memo

料理用的装饰品按照种类分别装入保鲜袋存放

还可以搭配文件袋一起使用，便于将装饰品按照类别收纳。

纸巾按类别分别放入保鲜袋存放。

容易皱和破的蕾丝纸可以夹入文件袋内。

装饰用的小物件按类别统一存放。

专栏

\ 事先买好、用作储备的物品应这么收纳！ /

备用的厨房小物件收纳小妙招

一个多层收纳柜就能解决储备物品收纳的问题。

把办公用的多层收纳柜用作收纳箱

虽然不是物品收纳专用，但非常适合收纳一般物品。

垃圾箱可以隐藏在料理台下方

把多层收纳柜放在料理台下面，剩余空间可以摆放垃圾桶。

大号垃圾袋

没拆封的垃圾袋可以竖立排列，拆开包装的可以平铺在收纳柜里。

超市购物袋

把每个袋子简单系好后放入较浅的一层。按照大小大致划分一下摆放位置即可。

刷子和海绵

可以按照种类放入保鲜袋存放。

清洁剂、保鲜膜等

清洁剂一类放入较深一层的收纳柜正合适。超过抽屉深度的物品可以视具体情况摆放。

\ 便于取用，干净整洁！ /

碗柜收纳的基本原则

如果把碗碟、玻璃杯等餐具一股脑放进碗柜，使用时会非常麻烦。挑选出经常使用的餐具，然后选择合适的收纳方法。

1 根据用途、外形、高度来摆放

\ 分类收纳 /

餐具分很多种，如玻璃杯、大碟子、小碟子、大碗、小碗等，应把它们按照形状、大小、用途等分类后再放入碗柜。碟子叠放时尽量选择大小相近的，排列玻璃杯时也应尽量将同类型的一起摆放，一眼望去会显得干净整齐。

2 经常使用的餐具放在容易取用的地方

按照类别分类后，再按使用频率进一步分类。常用的餐具放在容易取用的下层，偶尔使用或使用频率很低的餐具放在上层。

\ 常用的餐具 /

3 碗柜要保留约1/3的空间

不要将碗柜全部放满，否则拿取时会很麻烦，也容易造成餐具互相磕碰。一般碗柜应保留1/3的空间，便于拿取和存放餐具。

\ 便于取用 /

玻璃杯按形状和高度摆放

许多家庭会在客厅的柜子里摆放玻璃杯。来客人时，为了能够方便、快速地取用，平时就要注意玻璃杯的收纳方法。玻璃杯要按照形状和高度有序摆放，并且要预留出一定的取放空间。此外，还要注意把玻璃杯擦亮。

高脚酒杯

从各个类别里挑选出日常用餐需要的数量，摆放在最外边。

平底玻璃杯

玻璃杯有各种规格和形状，需要根据使用频率来摆放，常用的玻璃杯尽量摆放在容易拿取的位置。

memo

保持玻璃杯清洁

酒杯这类较为脆弱的餐具使用餐具洗洁精来清洗，然后再用酒精和纸巾擦拭干净。

根据用途和使用频率收纳

饮水的杯子

日常使用的餐具

用途明确的餐具

我会把拍摄美食照片时使用的餐具放在这里。

客人用水杯

如果杯底较稳，也可以叠放来节省空间。

日常使用的杯子

自己和家人每天使用的杯子放在容易拿取的位置。

日常使用的餐具

平时使用的碗碟放在容易拿取的中下层。

把马克杯、小碟子、大碟子、小碗、大碗等这些形状、大小不一的餐具按照实际用途收纳。首先分成客人用和日常用，然后再根据使用频率放入对应的收纳层。为了方便取出以及避免餐具互相磕碰，注意预留一定的空间。

招待客人时用的餐具

客人用的餐具

客人使用的餐具平时一般不用，可以把它们放在最上层。

客人用、日常使用的大碟子

常用的大碟子放在容易拿取的碗柜下层，客人用的大碟子放在中间层。

合适的餐具搭配

日常用餐、招待客人的料理和茶点，该如何选用与之搭配的餐具。

漂亮的餐具会为料理添彩

漂亮的餐具会为生活增添一抹美丽的色彩。搭配上合适的餐具，仅撒了一点儿盐的料理也会变得非常美味。我认为最适合我的料理的餐具是日式餐具。就算做的是西餐或中餐，我也会使用日式餐具。招待客人时，不必执着于餐具是否成套，只要是你欣赏的、喜欢的餐具，那就是最合适的，这样才会与你做的料理相得益彰。

这样的搭配怎么样？

茶具的搭配
日常用这套简洁的茶具，既美观，又能让人放松。

简餐的搭配
由于目前正在节食，一般早上就会粗略算好营养配比，定下一整天的菜单，同时也会选好餐具。尽量做到不吃计划外的食物。

长久以来一直
使用的餐具

这是之前有缘见到的一位大师的餐具作品，以及在古董店淘到的陶器。有些使用久了，有了缺口，却还舍不得丢弃。

PART 4

轻松高效的家务

洗漱台、
浴室、
卫生间篇

清理霉菌和水垢十分麻烦，总是让人无从下手。但只要平时稍微注意一下，就能够从麻烦的打扫中解放出来！

整理收拾得当的卫生间，能够给家人与客人带来温馨舒适的感觉。

Q 洗漱用品摆放，哪种方法更方便？

A

一伸手就能拿到，
是不是很方便？

摆放在洗脸池周围，一伸手就能拿到

NG! 摆放在外面的物品容易被水溅
到，而且也容易积灰尘。

打扫起来费时费力，很难长时间保持干净

　　洗脸池要长时间保持干净，关键在于要把每次洗漱时飞溅出来的水擦
拭干净，所以洗漱用品的摆放位置就变得很关键。把洗漱用品全部摆放在
台面上，打扫时还得一个个拿开，费时费力。最好的办法是，除了必要的
物品，其他全部收纳进柜子里。

B

最大限度利用
壁柜空间！

根据使用者将物品
分类，然后全部放入壁柜中

OK! 我家除了洗漱用品之外，药和卫
生用品等也会收纳在壁柜里。

根据不同的人以及物品用途分类收纳，解放洗脸池周围空间

　　决定把洗漱用品收纳至壁柜后，可以考虑一下物品的摆放位置，怎样
才便于全家人使用。首先，根据不同的人以及物品用途分类。比如，某物
是某人固定使用，还是所有人都使用；这个物品是属于头发护理类，还是
肌肤护理类等。当把分好类的物品放入壁柜时，可以将同类物品全部摆放
在同一层。如此一来，就不需要把东西摆在台面，只要一打开壁柜就能迅
速找到。

洗漱台收纳的基本原则

这里会用到的小物品较多，其中一部分可以露出收纳。记住这些小窍门，让洗漱台保持干净整齐。

1 壁柜的收纳要根据使用者和物品用途来分类

\ 用于治疗伤病和保健 /

洗漱台的壁柜空间有限，要尽量根据使用者（自己、丈夫、孩子等）以及物品用途（全家人使用、治疗伤病、保健等）分类摆放。经常使用的物品可以放在容易拿取的一层。

2 化妆品也放在洗漱台收纳

\ 全部摆放在一起，便于使用 /

洗漱台一般会有一面大镜子，洗漱之后可以直接化妆、梳头。化妆水等护肤品、化妆工具、护发用品以及吹风机等都可以一并收纳进壁柜里。

3 药品及创可贴也可以统一收纳

\ 用小盒子分类收纳 /

可以将家中常备的急救物品放入洗漱台的壁柜中。创可贴和药膏收纳在壁柜里，方便洗完澡更换。棉棒和体温计也可以一同收纳进壁柜。

根据使用者和物品用途分类摆放

放在洗漱台壁柜里的东西要根据使用者和物品用途进行分类后再分层摆放。我不喜欢增加不必要的东西，所以只用了少数几个收纳盒。

处方药

医院开的处方药与医疗手册放在一起。

抽纸放入抽纸盒内

把抽纸放入结实的抽纸盒中。

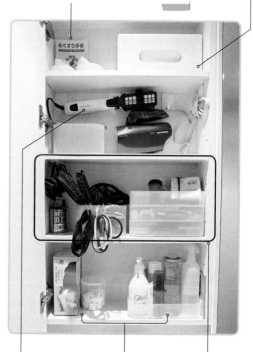

吹风机、卷发器等

可以在壁柜背板上贴几个挂钩，把吹风机和电源线挂上去。既美观又方便。

护肤用品等

化妆棉、面膜、化妆水等，洗完澡出来就可以马上使用。

护发、化妆工具等

使用分类收纳箱将它们分为两类，护发用和化妆用。

143

可以把急救箱常备的物品放在洗漱台的壁柜收纳

受了轻伤或身体不太舒服时，就能在洗漱台壁柜里找到需要的药物，可以连包装盒一起收纳。在洗漱台时常需要用到剪刀，常备一把剪刀也是不错的办法。

内服药和膏药连外盒一起收纳

把外盒的上半部分剪掉，就能清晰地看到药品所剩的量，还可以看到使用方法和制药商

棉棒、体温计等

可以利用空的棉棒盒收纳体温计或管状药物。

常备一把剪刀

开封清洁剂和药物时会用到剪刀，剪吊牌和衣服线头时也会使用。

纸杯

漱口时使用一次性纸杯会更方便、卫生。打扫时也可用纸杯来装小苏打。

打扫用的酒精

只要把外面的标签撕掉，整体上就会显得整洁。

专栏

柠檬酸、小苏打和
苏打粉的保存

打扫用的粉状清洁剂要妥善保存。

移入密封储存罐中保存

打扫时使用的柠檬酸、小苏打以及苏打粉一般是以袋装粉末的形式出售。直接使用会非常麻烦，买回来后需要把它们倒入密封的储存罐中。不仅便于储存，还容易取用。

用不同颜色的勺子来区分

移入密封罐后，需要做一些标记来帮助分辨。一般会贴标签来区分，也可以通过放入不同颜色的勺子来区分。这样既整齐又便于打理。

Q 洗脸池打扫，哪种方法更轻松？

A

看到脏了就稍微打扫一下

重点要把反光部分擦拭光亮

OK! 每天打扫时可以用酒精重点擦拭反光部分，还可以顺带消毒杀菌。

反光部分如果擦拭光亮，整体上就会给人干净的感觉

如果能够把整个洗脸池和台面都打扫一遍是最好不过的了。但是，只要把反光部分擦拭一遍，整体上就会显得非常干净。首先从水龙头和镜子开始擦拭，粘上手上油脂的地方可以用酒精擦拭。

B

> 看不到的死角
> 也要打扫干净

所有角落都要擦拭干净

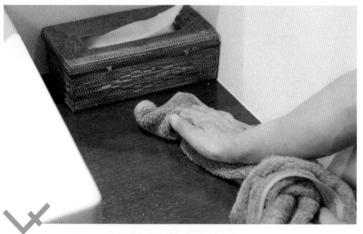

OK! 全部打扫干净是最好的，但没有
必要每天都这么做，留意到时打
扫即可。

留意到的时候就打扫一次

每天的打扫都很重要，但如果太花时间，反倒会觉得麻烦而放弃，每
天只要做一些简单的打扫即可。比如，看到溅出来的水时，就马上擦干
净。打扫可以在每天早晚的洗漱后进行，也可以在洗衣前进行，可以使用
接下来要清洗的毛巾直接擦拭。

洗漱台打扫的基本原则

掉落的头发、灰尘、飞溅的水滴、残留的泡沫……洗漱台远比我们想象的要容易变脏。要养成每次使用后立刻打扫的习惯。

1 尽量不要在洗脸池周围放东西

洗脸、洗手、刷牙、梳头等，我们会在此处进行各种各样的洗漱动作，所以洗脸池周围经常会摆放各种物品。但这种习惯非常不便于打扫，除了必要的物品之外，其余的可以放进壁柜收纳。

不要放在外面，放入柜子收纳

2 随手进行打扫

工具

洗脸或刷牙后，就可以顺带把飞溅的水滴擦拭干净。还可以用准备清洗的毛巾做一些打扫和擦拭工作。养成习惯后，打扫就会变得很轻松。

马上要洗的衣物

3 镜子这类反光的地方要重点擦拭

工具

酒精

洗漱台不需要每天都进行大扫除，只需要把反光的部分擦拭光亮，整体上就会给人干净整洁的感觉。尤其是镜子，镜子容易留有人的皮脂，需要用酒精擦拭。壁柜可以等空闲时打扫。

细纤维抹布

不要在洗脸池周围摆放太多东西

只要按照洗漱台收纳原则，不要把多余的东西放在洗脸池周围，打扫起来是非常轻松的。打扫洗漱台和地面也就不会花费太多力气。

洗手液和肥皂放在这里
客人用的肥皂要摆在明显的位置。旁边可以摆放自己用的肥皂。

家中只摆放一个抽纸盒
一般固定摆放在这里，需要时可随时拿到其他地方。

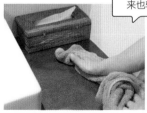

东西少，打扫起来也轻松多了

洗脸池周围有飞溅出来的水滴时，又或是想打扫一下时，都可以进行简单清扫。

洗漱台附近的地面也很容易被水弄脏，需要每天打扫。

顺手用水清理洗脸池和水龙头

洗漱时可以顺便把台面上的水滴擦去；清洗抹布时，可以顺手清理一下洗脸池，注意到的时候简单打扫即可。每天擦拭水龙头，水垢也不容易堆积。

顺手清理水龙头

最后用拧干的抹布擦干，不要留下水渍。

memo

可以在洗衣时顺手打扫

不仅限于使用洗脸池时，洗衣时也可以顺便打扫一下。可以用马上要清洗的抹布擦拭飞溅出来的水滴。

镜子、水龙头等能反光的地方要重点擦拭

水龙头也可以用酒精擦拭

擦镜子的同时可以顺便擦拭水龙头。

容易附着手上皮脂污垢的镜子可以用酒精喷湿，然后用抹布擦拭一遍。无须专门的清洁剂，只要使用酒精就能够让那些因皮脂污垢或水垢变得混浊的地方重新焕发光亮。还可以顺便用酒精擦拭水龙头。

> memo
>
> **酒精的除菌功效十分显著**
>
> 酒精具有除菌功效，可以预防积水滋生细菌。此外，酒精还能够轻松地去除手上的皮脂污垢等油污。

Q 打扫工具收纳，哪种方法更方便？

A

专门的打扫工具更好？

打扫浴室专用的清洁靴、海绵、刷子、清洁剂

✗

NG! 用于浴室打扫的工具种类、数量过多，相应地就需要花时间收拾以及腾出地方存放。

准备一套专门的清洁工具，但又要考虑如何腾出空间收纳

　　我家没有打扫浴室专用的清洁靴，因为一般不会使用腐蚀性强的清洁剂，所以光脚也没问题。为了方便打扫，可以准备许多工具，但这些工具该如何收纳，也是令人头疼的问题。当你把越来越多的清洁工具用挂钩一字排开挂起来时，浴室就会变得像布草间一样。

B

工具简单
且易收纳

洗碗海绵、锅刷、柠檬酸水、苏打水

OK! 与厨房使用的工具相同。只要有这一套简单的工具，就能应对浴室打扫。

使用顺手的洗碗海绵，更容易掌握打扫力度

浴室是清洗身体、消除疲劳的地方。为了能够让家人在浴室好好放松，应该尽量减少浴室里工具的摆放。我会使用洗碗海绵来打扫浴室，这样不仅使用顺手，还能够控制力道，让打扫变得更轻松。

浴室收纳的基本原则

洗发水、护发素、打扫工具、小凳、洗脸盆等，浴室里的东西总是不知不觉就多了起来。掌握这些小窍门，就能够让浴室保持整洁。

1 尽可能地减少物品摆放

浴室的温度与湿度容易滋生霉菌，因此，尽量不要放置浴室清洁靴、小凳等物品。这样不仅能节省打扫它们的时间，还可以让浴室看起来更宽敞。

非必需 　浴室清洁靴

洗脸盆

2 减少置物架与S形挂钩

减少浴室内的物品后，置物架也就不是必需品了。浴室中的置物架十分容易被水垢和细菌附着，清扫起来十分费力。此外，可以尽量避免用S形挂钩悬挂打扫工具。

非必需 　S形挂钩

浴室置物架

3 毛巾、清洁用品等统一收纳

利用浴室柜存放毛巾、清洁用品、备用的沐浴露或洗发水等物品，衣物清洗剂等也要统一收纳。为了方便使用，毛巾可以按照颜色或质地分类收纳。

工具

收纳篮

尽量减少浴室内摆放的物品，收纳在柜子里

只在浴室摆放洗发水等必要的物品，并且选用外形相似的瓶子。这样不仅风格统一，看起来也会更整洁。清洁工具存放在柜子，毛巾等用品也可以收纳在架子上。

毛巾分类收纳会给人风格统一的感觉

把浴巾和毛巾按照色系分类收纳，就会显得十分整洁。折叠时使用同样的方式，并且尽量靠近柜子外边摆放。

memo

与浴室专用的小凳和洗脸盆说再见！

我家没有老人和小孩，没有浴室专用的小凳也不会有太大影响。这样一来，不仅节省了打扫的时间，还能让浴室看起来更宽敞。

有效利用收纳篮，清洁剂与睡衣放在柜子里收纳

清洗剂选用同一系列的瓶子

衣物清洗剂可以用外形为同一系列的瓶子储存。放入收纳篮后可以根据颜色来区分。

漂白剂也放在同一收纳篮内

含氧漂白剂会与空气中的氧气发生反应，因此，尽量选择瓶口能够密闭的瓶子存放，也方便使用时控制用量。

柜子高层可以使用收纳篮进行收纳。把洗衣常用的洗衣液、柔顺剂、漂白剂、洗衣袋等物品统一放到收纳篮里，既整齐又方便。睡衣可以放在另一个收纳篮内。

睡衣也放在收纳篮内

夏季一般会经常清洗睡衣，而冬季则时间稍长些。无须每次将睡衣折叠起来，只要卷起来放入收纳篮即可。

专栏

洗衣机的正确保养

洗衣机保养分为每日保养、每周保养、每月保养3种。可以在打扫浴室时顺便清理洗衣机。

 ■ 清理过滤袋里的碎屑，再喷一些酒精除菌。

 ■ 打扫浴室时，可以顺便用旧牙刷清理洗衣机的过滤袋和洗衣液槽。

 ■ 清理洗衣机内桶时，可以有效利用清理浴缸剩下的水。此外，还需要隔月使用含氧和含氯漂白剂进行消毒。
含氯漂白剂用于清除细菌，洗衣机专用或厨房专用的都可以。洗衣机内桶注满水后，再倒入300ml的含氯漂白剂。
含氧漂白剂和50℃以上的热水能够去除霉菌。把加热后的浴缸水（浴缸如果没有加热功能，就直接使用剩下的热水即可）以及500~600g含氧漂白剂倒入洗衣机内桶。

 两种方式都需要转动一下洗衣机内桶，并静置半天至一天，然后把漂浮的脏物排出，进行一次标准模式清洗即可。建议冬季两三个月清洁一次，夏季一个月清洁一次。

浴室打扫的基本原则

浴室内常常会附着皂垢、皮脂等污垢，湿气也容易滋生霉菌。接下来介绍能够把霉菌抑制在最低程度的方法。

1 打扫地面

清扫浴室时，最头疼的就是顽固的霉菌。建议养成每次洗完澡都进行简单打扫的习惯。洗完澡后可以用海绵擦一遍浴室地面，角落要仔细清扫，其他地方可以粗略地擦一下。

刷子

海绵

2 擦干墙壁、门、浴缸上的水渍

如果墙壁、门上溅到的肥皂水不及时清理，干燥后就会形成固体颗粒附着在上面，如果再不清理，就会形成肉色霉菌斑。因此，擦干水渍很重要。

刮水器

3 打开排水口的盖子

工具

排水口经常会堆积头发和皮脂污垢，如果不及时清理，就会导致细菌滋生、产生异味。因此，洗完澡后要把排水口的盖子打开，取出缠住的毛发，再喷上酒精。这样能够有效防止霉菌滋生。

酒精

排水时顺便用海绵擦洗一遍地面

注意角落的肉色霉菌斑

角落极易产生霉菌斑，要用海绵仔细擦洗。

每次洗完澡进行一些简单的打扫，就能够有效预防霉菌滋生。首先要做的就是在排水时粗略地擦洗一遍地面。趁污垢还不多时及早处理，才是最省事的方法。

使用趁手的海绵或刷子清理

浴缸内用手擦拭

浴缸排水结束后用手大致擦洗一遍内部即可。下次使用浴缸之前可以再用海绵清理一遍。

159

使用刮水器或毛巾擦干浴室中的水

浴缸排水和地面打扫后，就可以把浴室内的水擦拭干净。使用刮水器把浴缸外、墙壁、门等地方的水擦干，然后用毛巾把水龙头和四周的水擦干。擦去水可以防止顽固水垢产生。

从面积较大的地方开始

浴缸外、墙壁、门等处，利用刮水器清理，十分方便。

平整的表面可以使用刮水器！

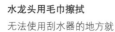

水龙头用毛巾擦拭

无法使用刮水器的地方就换毛巾清理。

排水口要每天打开，喷洒酒精

喷洒酒精

往清理干净的排水口喷洒酒精，可以防止霉菌滋生。

排水口的清理是最麻烦的，每日进行清理很关键。每次洗完澡打开排水口盖子，清理附着在上面的污垢，使湿气不易聚集，从而起到防止霉菌滋生的作用。

酒精可以防止霉菌滋生

用细纤维抹布擦拭

最后把门缝擦拭干净

所有清扫工作结束后，不要忘了把门缝也擦拭干净。

\ 有计划地打扫! /

使用天然材料打扫浴室

每周使用柠檬酸等天然材料打扫一次,让浴室变得更干净。之后即使两周打扫一次,也能够长期保持干净整洁。

1 用温水兑柠檬酸后,浸泡花洒喷头

放入柠檬酸水中浸泡

工具

柠檬酸
柠檬酸最适合清理附着水垢的物品。

首先,用温水兑一桶柠檬酸水,按照10L温水、250g柠檬酸的比例混合均匀。然后把花洒喷头、浴室置物架或其他需要清洗的小物件放入桶内,浸泡30分钟左右。最后再用海绵清洗干净。

② 还可以使用柠檬酸膜来清理

无法用浸泡法来去除水垢的地方，可以改用柠檬酸膜法来清理。把用柠檬酸水浸湿的纸巾贴在镜子或水龙头上，静置30分钟后取下，最后用海绵擦干净。

> 水龙头也贴上一层膜

静置30分钟后取下，再用海绵擦干净。

> 镜子上贴一层膜

③ 顽固水垢可以使用小苏打浆糊刷洗

柠檬酸无法去除的顽固水垢可以交给小苏打来处理。把小苏打当作研磨剂，用旧牙刷刷洗顽固水垢。水垢一旦沾水就不容易看见，需要趁干的时候确定它的位置。或是清洗前先摸一下，凡是不平整、摸起来有碎屑的地方就是水垢堆积的"重灾区"。

工具

小苏打、旧牙刷

可以把小苏打当作研磨剂，清理不用担心被划伤的物品。旧牙刷非常适合用来刷缝隙。

> 花洒喷头的细孔也可以用小苏打刷洗

结构越复杂的地方水垢就越容易堆积，需要仔细刷洗。

4 容易脱落的污垢，用苏打水和海绵清理

自来水中的镁容易与肥皂水发生反应，形成污垢，附着在浴室墙壁上。可以往墙上喷一些苏打水，再用海绵擦拭干净。

只需要往墙上喷洒苏打水！

工具

苏打水
适用于去除黑色霉斑等轻微污垢。

5 最后打扫天花板

打扫完浴室后，可以用拖把清理浴室的天花板。把细纤维抹布绑在拖把上，擦拭天花板和灯罩，以及门等容易附着污垢的地方。

使用拖把可以轻松擦拭高处！

工具

细纤维抹布
擦拭水渍的必备物品。

专栏

\ 更加洁净！/

使用漂白剂和防霉剂打扫浴室

定期打扫排水管的同时不要忘了防霉。

每月 **1** 次

用含氧漂白剂清理排水管

打扫排水管时，也可以顺便清理花洒软管和排水口周围。往浴缸里注满水，放入需要消毒的物品，然后倒入500g含氧漂白剂。静置一段时间后将浴缸塞拔掉、放水。再继续注水、倒入漂白剂。

含氧漂白剂

通过酸化和发泡功效清除污垢。

每两个月 **1** 次

使用烟熏剂预防发霉，发现霉斑要立刻处理

把浴缸挡板拆下来清洗，然后用烟熏剂对整个浴室实施防霉处理。如果发现霉斑，需要尽快处理。轻微的可以涂一层含氧漂白剂，严重的要用含氯漂白剂擦拭清理。

浴室用烟熏剂

整个浴室都会充满烟熏剂散发出来烟。通过这些烟来杀死诱发黑色霉菌的孢子细菌。

memo

打扫排水管的日期要事先定好

每月一次以及每两个月一次的打扫很容易忘记。可以把每月固定的日期定为打扫浴缸的日子，提醒自己不要忘记。

Q 卫生间打扫，哪种方法更轻松？

A

污垢
不明显？

使用马桶套和防尘垫

NG! 铺上防尘垫会显得较为美观，还可以遮挡脏的地方。但是，如果不仔细清理，就会变成细菌滋生的温床。

污垢容易堆积，形成卫生死角

在布置卫生间或冬季防寒时，许多家庭会选择马桶套和防尘垫。这样不仅美观，还能够起到遮挡污垢的作用。但另一方面，这也使得污垢容易在暗处堆积。此外，马桶套和防尘垫一般不会每天清洗，日常打扫时几乎不会注意到它们。

B

打扫起来
更省力！

不使用马桶套和防尘垫

OK! 马桶和地面一变脏就能立即注意
到。而且周围没有多余摆设，可
以立刻打扫。

一眼就能看到污垢，要每天认真清扫

不仅是卫生间，每日必做的打扫是为了不让污垢堆积，令家中能够持
久保持干净整洁。不使用马桶套和防尘垫，一旦出现污垢就可以马上注意
到，然后就能够立刻清扫。不仅如此，还省下了清洗马桶套和防尘垫的时
间。不仅打扫更省时省力，还能长久保持干净整洁，也有助于养成每日打
扫的好习惯。

卫生间打扫的基本原则

打扫卫生间时，经常会碰到溅出来的尿渍、皮脂污垢以及堆积的各种灰尘。
怎样保持卫生间干净卫生，以下就是打扫的关键。

1 马桶要每日擦拭清理

卫生纸

工具　卫生间清洁剂

尿渍、皮脂污垢以及各种各样的灰尘都
容易在卫生间出现。所以，必须每天清
扫。可以使用卫生间专用的清洁剂与卫
生纸简单擦拭即可。既轻松又能保持
卫生。

2 地面使用湿巾与酒精擦拭

工具

在每天做家务时，可以把卫生间的地面顺
带擦拭一下。卫生间环境较为特殊，不仅
容易飞溅尿液，也是各类细菌产生的温
床。因此，推荐使用酒精清理。可以先喷
一些酒精，然后再用湿巾擦拭，清理的同
时还能有效除菌。

地板湿巾

酒精

3 使用柠檬酸和小苏打进行彻底打扫

工具

小苏打

墙壁和门每周用酒精擦拭一次，还可以把
马桶便圈和水箱一起擦拭。使用柠檬酸或
小苏打打扫，效果十分显著。可以把打扫
时间固定在每周一洗澡前。

柠檬酸

卫生间打扫小妙招

平时用卫生纸擦拭就可以

卫生间应该每天进行简单的打扫。每次用完马桶后，可以用清洁剂和卫生纸擦拭一下。不锈钢的卫生纸盒容易堆积灰尘和附着手上分泌的皮脂，不要忘了清理。

灰尘、细菌、皮脂污垢容易堆积。手会触摸的地方要细心清理。

首先擦拭污垢少的地方

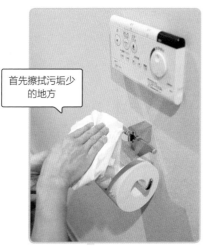

水箱外侧也要仔细擦拭

每天简单打扫时不要有遗漏的地方，养成保持卫生的好习惯。

memo

实用的卫生间清洁剂

喷雾清洁剂可以用于每日的卫生间打扫，喷在卫生纸上也不会令纸变湿烂，方便长时间擦拭。

169

马桶可以用卫生纸擦拭

马桶每次用完之后都会附着污垢，必须每天打扫一下才不会让污垢堆积。要养成每次使用后用卫生纸简单擦拭的习惯。便圈内侧可以用夹子夹着卫生纸擦拭。

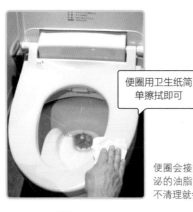

便圈用卫生纸简单擦拭即可

便圈会接触皮肤，容易附着皮肤分泌的油脂，灰尘也更容易堆积。久不清理就会慢慢变黑。

卫生间清洁剂不仅能除菌还能除臭

使用夹子，既方便又卫生

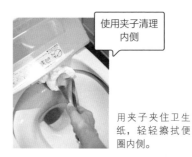

使用夹子清理内侧

用夹子夹住卫生纸，轻轻擦拭便圈内侧。

便圈背面也要仔细清理

便圈背面经常会被排泄物溅到，必须仔细清理。

不要忘了使用酒精

非常好用、结实
不易撕烂的一次
性抹布

将酒精装入喷
雾器内，方便
使用

家中常备的地板
湿巾

用湿巾擦完客厅和卧室的地面后，往湿巾上喷少许酒精，接着擦拭厕所的地面。由于没有铺防尘垫，打扫起来十分轻松。每次客人来访前后，都可以用酒精擦拭门把手。

门把手要仔细擦拭

门把手的细微处也不要忽略。

墙壁和门每周
擦拭一次

喷上酒精之后再用纸巾擦拭。

171

每周**1**次

\ 跟泛黄、臭味说再见！/

马桶的清理方法

无须准备专用的清洁剂，只要有最常见的柠檬酸水和小苏打，就能让马桶焕然一新。

1 马桶内用柠檬酸水铺一层膜

让柠檬酸水充分接触水垢和污渍

在马桶内喷一层柠檬酸水，用卫生纸覆盖后再喷一次，使卫生纸完全浸湿。静置30分钟，然后冲水即可。

浸湿卫生纸

让卫生纸紧贴马桶内侧，可以令水垢和污渍更容易脱落。

memo

柠檬酸喷雾能够有效清除水垢

柠檬酸水主要成分与醋相同，但酸性较强且无味，使用它来打扫十分方便。还能中和氨水的味道。

2 再用小苏打擦拭干净

用水冲掉卫生纸后再撒小苏打，然后用海绵擦洗马桶。尿渍、水垢、霉菌等的堆积是卫生间异味的成因；如此清理之后能有效去除异味。

用海绵擦洗

马桶内侧容易附着尿渍和水垢，要用力擦洗。

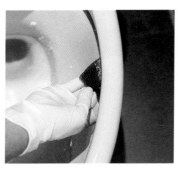

手持海绵仔细擦洗马桶内侧的边缘。

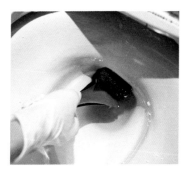

少量的污垢可以用夹子夹着海绵擦洗。

工具

小苏打、海绵、一次性橡胶手套

主要利用小苏打的摩擦功效。把洗碗用的海绵分成两半，带上一次性橡胶手套，用手拿着海绵仔细清洗。

---

memo

卫生间专用的刷子容易滋生细菌，建议使用一次性清洁工具

反复使用的刷子容易滋生细菌，建议使用一次性海绵和手套。既能保持卫生，又便于控制力度。

3 蓄水池也可以用柠檬酸水覆盖一层膜

有的马桶带有蓄水池，蓄水池或出水口堆积水垢时，可以先喷上柠檬酸水，然后用纸巾覆盖，30分钟后把纸巾取下，再撒入小苏打，然后用海绵擦洗。

工具

柠檬酸水、小苏打

水干后会形成白色的水垢，落上灰尘就会变成黑色的块状污垢。

先用柠檬酸水除去水垢上的灰尘和杂物，然后再用小苏打擦洗干净。

4 水箱内部用柠檬酸水和小苏打清洗

水箱中如果有霉菌，进入水箱的水也会被污染。如果长时间不清理，每次冲的水就会弄脏马桶，所以需要从源头清理。

200ml柠檬酸水

倒入柠檬酸水。

倒入一大勺小苏打

从蓄水池孔倒入小苏打。

工具

小苏打、柠檬酸水

小苏打与柠檬酸水的强力发泡功效，能够让污垢迅速脱落。

5 马桶与地面之间的缝隙也不要忘了清理

马桶与地面之间的缝隙最容易堆积水垢和灰尘。清理这类卫生死角需要将喷有苏打水的纸巾卷在一次性筷子上，然后用筷子将缝隙里的垃圾和污垢挑出、擦净。

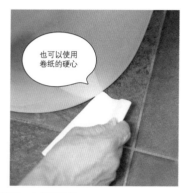

把硬纸心压扁后，用尖角把缝隙里的污垢挑出来，方便又环保。

工具

纸巾、一次性筷子

把纸巾卷在一次性筷子上，筷子细的一头非常适合打扫这类缝隙处。使用后可以直接丢弃，既卫生又方便。

---

memo

每次的清扫都能消除异味

当你买回各种除臭剂打算去除卫生间异味时，先回想一下，你是否真的认真打扫了。卫生间之所以会有异味，是因为马桶内会留有尿渍等污垢。久而久之，细菌就会依附在这些污垢上，散发异味。只要仔细清扫各种卫生死角，就无须用到除臭剂，还可以在卫生间放置自己喜欢的香薰。

PART 5

轻松高效的家务

客厅、
餐厅篇

客厅和餐厅是家人团聚的空间，灰尘会随着活动到处飞扬。每件家具和家电都有专门的打扫方法，请记住哦。

打扫干净，下班回家就拥有好心情。

Q 客厅打扫，何时进行更轻松？

A

回家之后
再慢慢打扫?

早上的事情很多，回家之后再打扫

NG! 吸尘器噪音较大，下班回家再打扫，可能会影响到全家人，只能使用除尘滚筒。

下班回家很疲惫，没有精力打扫

早上要准备上班、上学，许多人腾不出时间打扫，所以通常都在下班回家后再慢慢打扫。但是等你回家时，已经疲惫不堪，一进家门面对杂乱的家，心里会更加烦躁，就更不愿意打扫了。久而久之，家中的污垢和灰尘就越积越多。

B

回到家
心情舒畅!

稍微早起一会儿，晨间做打扫

OK! 白天光线充足，能够清楚地看到
哪里有灰尘，可以充分利用吸尘
器打扫。

早起开窗通风换气，好运自然来

风水学上有这么一个说法，早晨开窗通风换气，让房间获得新鲜的空
气，好运也会随之而来。我并不迷信，但打扫和整理之后，人在干净整洁
的环境里会变得有精神。通风换气后，就可以开始打扫地板、窗户、家
具、家电等。白天用不到电灯，这时也能打扫电灯。

\ 让家变整洁！/

客厅打扫的基本原则

客厅的污垢主要是从空气中落到地面的灰尘，以及皮脂分泌物、掉落的食物碎屑等。每天简单打扫一下即可。

1 地面要在白天打扫

白天灰尘还没飘散到空气中，这时使用吸尘器打扫效率最高。到了晚上，灰尘都飘散到空气中了，打扫起来更加费事。地面的皮脂污垢可以在吸尘之后用湿巾擦拭一遍。

工具

吸尘器

地板湿巾

2 玻璃窗要定期打扫

打扫玻璃窗外侧时，可以把中性清洁剂和热水混合，然后进行擦洗，用干抹布擦干净。玻璃窗内侧的污垢主要是手上的皮脂分泌物，可以用酒精轻轻擦拭。

工具

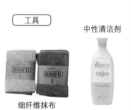

中性清洁剂

细纤维抹布

3 灯罩、展示柜、家电要进行简单打扫

灰尘会飘散到空气中，然后附着在灯罩、展示柜、家电上。灰尘十分明显的地方，可以用抹布擦拭干净，比较顽固的污渍可以用苏打水擦拭。

工具

苏打水

细纤维抹布

趁灰尘还没有飘散时用吸尘器打扫

吸尘后用湿巾擦拭污垢

吸尘器只能吸除灰尘和垃圾碎屑，顽固的污垢需要用其他工具打扫，地板湿巾就非常合适。

空气中的灰尘会在夜晚人们入睡后落回地面。因此，要在清早趁人还没有活动、把灰尘重新带入空气时，就用吸尘器除尘。如果能够做到早晨进行地板吸尘，落到家具上的灰尘就会相应减少。

memo

使用地板湿巾

先吸去灰尘，然后只需要一张湿巾，就能擦净家中各个房间的地面。

玻璃窗外侧用中性清洁剂擦洗

将中性清洁剂倒入热水中，混合均匀，也可用餐具洗洁精代替。可以用旧T恤或不用的旧布代替抹布，方便又环保。首先，用清洁剂浸湿抹布，不用拧干，然后擦拭窗户。

最后用干抹布擦干净

用干净的细纤维抹布或纸巾擦干净。

在半桶热水中加入中性清洁剂。

顺便清洗窗缝

准备好充足的清洁剂和热水

擦完玻璃后，可以顺便清洗窗缝。洗窗缝后抹布会变得非常脏，建议使用旧衣物代替，清理完毕后丢弃即可。

玻璃窗内侧用酒精喷雾擦洗

建议在雨季前打扫窗户

我通常一年擦洗两次窗户外侧，一般安排在气候温暖的时候。但这毕竟只是一般的家庭打扫，所以每年还会请专门的保洁公司对窗户进行一次大扫除。打扫窗户最合适在春天花粉季结束之后、雨季来临之前的这段时间。

窗户大扫除的同时可以清洗窗帘

较薄的蕾丝窗帘可以用一般洗衣液和含氧漂白剂，较厚的布窗帘则使用洗衣液与柔顺剂清洗。洗衣机选择一般清洗模式即可。洗净、甩干后就可以挂回去自然晾干。容易被刮伤的布料建议手洗。

玻璃窗打扫的频率并不固定，当你看到玻璃窗上有手印或其他污垢时，就可以用酒精喷雾和抹布擦拭。窗户干净明亮，就连空气也沁人心脾。窗帘每年清洗一次。

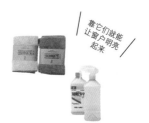

靠它们就能让窗户明亮起来

灯罩、展示柜用苏打水擦拭

容易堆积灰尘的地方用抹布轻轻擦干净即可，每个房间都如此。一进门第一眼看到的地方干净整洁，就会给人"这个家收拾得真干净"的印象。

把苏打水喷到
细纤维抹布上

擦痕如果过于明显，
就用清水擦净

把苏打水喷到细纤维抹布上进行擦拭。灯罩尽量安排在白天打扫，因为这时灯罩的温度不会太高，注意切断电源后再进行。

**展示柜用抹布轻轻擦拭
干净**

展示柜的灰尘可以用抹布擦拭干净，顽固污垢可以用苏打水擦拭。在我家，这个展示柜一进门就看得到，所以一直都非常干净。

**较大颗粒的
灰尘需要事先清理**

`工具`

灰尘堆积过多时，可以先用羽毛掸子清理，然后再用抹布擦拭。

电视和遥控器用酒精擦拭

遥控器的细小缝隙用棉棒清理

遥控器的按键之间极易堆积灰尘和污垢。把酒精倒入一次性纸杯中，然后将棉棒浸湿，仔细擦拭遥控器的按键缝隙。

打扫电视机、电脑等电子产品时，可以往细纤维抹布上喷一些酒精，再擦拭。电视机的背面、插座附近需要先用抹布或吸尘器清理干净。保持插座附近的干净整洁也是预防火灾的重要环节。

少量污垢就用酒精擦拭

工具

酒精具有很强的挥发性，非常适合用来清理电子产品。附着在上面的手印和油脂也能够轻松去除。

布艺沙发的污渍用小苏打和吸尘器去除

在沙发坐垫和靠背位置撒上小苏打，不仅可以去除沙发上的油脂污垢，还有除臭的功效。如果是带有竹席的沙发，可以把苏打水或中性清洁剂喷到抹布上，然后进行擦拭。

撒上小苏打后放置10分钟左右，再用吸尘器吸净

吸尘器吸除小苏打的同时也会带走污垢和异味。

> memo
>
> **皮革或人造革的沙发该如何打扫？**
>
> 用干抹布擦拭灰尘。有污垢时，皮革沙发使用皮革清洁剂去污，人造革沙发则可用湿擦和干擦结合的方法，先往温水里兑入少许中性清洁剂，然后沾湿毛巾，将污垢擦拭干净后再用干抹布擦干。

每日使用除尘滚筒打扫
布艺家具容易吸附头发和宠物毛屑，可以使用除尘滚筒每天打扫。

开关、门把手用酒精擦拭干净

每天都会触碰的开关和门把手极易附着皮脂污垢。发现时就要清理。这些地方通常较难擦拭，可以使用棉棒。针对不同污垢，可以选用酒精或苏打水等。

开关四周的缝隙用
棉棒清理。

门把手用酒精擦拭干净

门把手要仔细清理。可以使用酒精和细纤维抹布擦拭。

memo

空调清洗可以交给专门的保洁公司

平时较容易接触到的面板部分可以用酒精或苏打水擦拭，内部的清理就交给专门的保洁公司。

Q 餐桌物品摆放，哪种方法更方便？

A

虽然用的时候一伸手就能拿到

把东西放在方便取放的地方

✕

NG! 置物盒里的小物件越来越多，杂志和传单也越堆越多。整个空间看起来杂乱无章。

不仅打扫起来不方便，还影响美观

遥控器、杂志、小物件等的摆放虽然会给人一种热闹的生活气息，但过多的物品也容易令人感到杂乱无章。比如，许多家庭都会在餐桌等好几个地方摆放纸巾盒，使用时确实很方便，但打扫时就会很麻烦。摆放太多纸巾盒也会影响房间整体的美观，还不便于统计备用品。我家只会在洗漱台摆放一个纸巾盒。

B

简约风格,
打扫也省时省力!

把东西收起来,腾出空间

OK! 餐桌上什么都不放,就会显得十
分整齐、干净,令人心情舒畅。

能够随时使用的操作台,让打扫更轻松

餐桌并不仅仅用来吃饭,比如,折叠洗好的衣物、展开资料、孩子写
作业、邀请朋友聚会等场合都会使用到餐桌。不摆放任何物品的餐桌,就
变成了一个随时可以使用的操作台。这样不仅方便使用,而且方便打扫。
每次使用完餐桌,都要进行整理和打扫。

餐厅打扫的基本原则

餐厅是家人聚集进餐的地方，这里的污垢主要是掉落的食物碎屑以及灰尘等。要重点把握餐厅打扫的关键点。

1 不要在餐桌上摆放物品

保持清爽整洁

餐厅处于厨房与客厅的连接处，是家中物品最集中的地方。物品越多就越难打扫，因此建议尽量不要过多地摆放物品。可以观察、分析一下家人的生活习惯和行为方式，再根据结果设计物品摆放的位置。

2 餐桌要用湿擦法

工具

细纤维抹布

洗碗后，要用湿抹布擦掉桌上的食物残渣。需要除菌时可以喷上少量酒精再擦拭。餐桌上不摆放物品，打扫时也就方便许多。

酒精

3 椅子也要用湿擦法，污垢用苏打水来对付

工具

苏打水

擦完餐桌后还可以顺便擦一下餐椅。餐椅也很容易掉上食物残渣，需要用苏打水擦拭干净。椅子脚可以在早晨打扫时清理干净。

细纤维抹布

餐桌要用湿擦法，除菌时使用酒精喷雾

如果担心细菌滋生，可以用酒精消毒

如果担心细菌引起食物中毒，可以在抹布上喷一些酒精来擦拭餐桌，这下细菌就无处可逃了。

餐桌用水湿擦就可以了。我家不使用桌布，就算是容易擦洗的塑料桌布，也会出现凹凸不平的地方，用久了颜色会逐渐变淡。防止桌面被划伤可以使用餐垫。

memo

餐桌上不摆放任何物品，会让打扫变得更轻松！

餐桌上摆放的物品多了，擦拭时就必须一个个移开，非常麻烦。每次进餐或者其他工作结束后，就把所有物品放回原位，不要遗留在餐桌上。

191

餐椅要用水湿擦，椅子腿和椅子脚用苏打水擦拭

擦完餐桌后，把椅子也一并擦拭干净。污垢堆积严重的地方可以用喷有苏打水的抹布擦拭。坐垫缝隙有污垢时，可以用一次性筷子卷起纸巾，蘸一些苏打水后再清理。

坐垫缝隙堆积的污垢可以用苏打水和纸巾筷子卷清理

把制作好的纸巾筷子卷蘸上苏打水，再进行清理。将筷子卷的尖端沿着缝隙擦拭，也可以使用稀释后的中性清洁剂代替苏打水。

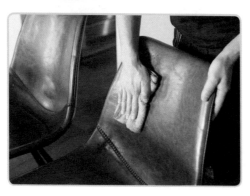

每天早晨要仔细清理椅子脚

把餐椅倒挂在餐桌上，检查椅子脚是否有污垢。可以使用胶纸清除灰尘和垃圾碎屑，然后再用湿抹布擦净。

memo

如何去除清水无法去除的污垢

皮脂等蛋白质类的污垢和油垢可以用苏打水清理。也可以使用中性清洁剂，去污的同时还不伤家具。

碗柜的玻璃用酒精擦干净

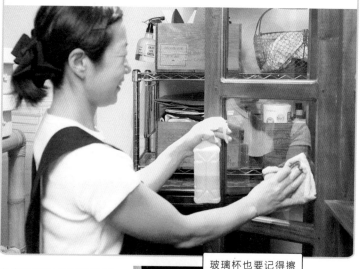

许多家庭都会把碗柜摆放在餐厅。如果碗柜门是玻璃的话，可以使用酒精喷雾和抹布擦拭。只要将碗柜的玻璃擦拭干净，就会令整个餐厅显得整洁。

玻璃杯也要记得擦干净

碗柜中的酒杯、平底杯等玻璃制品也要擦干净（→P133），这样就会显得十分整齐。

---

memo

客厅和餐厅是物品容易堆放的空间

客厅和餐厅不仅是家中每个人都会使用的地方，也是家中物品聚集和频繁移动的主要空间。因此，打扫的难度也随之提升了。个人物品尽量不要放置在公共空间。给孩子做饭、收拾衣物所需的物品，以及需要放在客厅、餐厅的物品可以适量摆放一些。平时应根据家人的生活习惯和行为方式进行物品摆放，并且选择最合适的打扫方法。

合理的书桌收纳

有效利用收纳盒和文件夹，划分书桌的功能区。

按照类别、功能进行分类摆放和排列

　　书桌比厨房更复杂一些，这里会放一些使用目的完全不同的物品，因此，就需要一个合适的分类方法帮助我们快速找到想要的物品，尤其是工作用品更需要仔细收纳。"不认真对待名片的人，也不会认真对待自己。""文件都整理不好的人，工作也不会好到哪去。"这些话有一定道理，所以，书桌物品的整理与收纳十分重要。

让你的桌面变整洁的方法

文具按用途分类摆放

书桌如果没有抽屉，就把分类好的收纳盒摆在书架上。每个收纳盒按照固定的用途来分类。此外，还可以在已分类的收纳盒中继续细分。

文件夹选用同一系列

可以在文件夹上直接写上内容，省去贴标签的麻烦。文件夹内是透明的文件袋，内容清晰可见，所以不用贴内容索引标签。

两台电脑也摆放得很整齐！

我和丈夫有时会一起在家工作，所以家里有两台手提电脑。收纳时，借用了收纳光盘的架子，把两台电脑叠起来摆放。如此一来，既干净整齐，又增加了书桌的可用区域。

PART 6

轻松高效的家务
衣柜、卧室、
玄关篇

针对衣物和鞋子的收纳，不同的人有不同的方法。
请选择一种最适合你的。

每日打扫，定期更换寝具，打造一个令人安心睡眠的空间。

Q 衣物收纳，哪种方法更方便？

A

挂上衣架就好了

直接挂上衣架，放入衣柜

OK! 衣架尽量选用同一系列，会显得更加整齐。

节省叠衣物的时间，寻找也更便捷

把衣物挂在衣架上、直接放入衣柜是最便捷的收纳方法。不仅省去了折叠的功夫，还可以清晰地分辨各种衣物，便于每天搭配。此外，有限的衣架还能提醒你不要买太多不必要的衣物，防止铺张浪费。

B

折叠成相似的
形状，放入衣柜

折叠起来，放入抽屉

OK! 选择衣物时会多花一些时间，但对于挂起来容易变形的衣物而言，折叠才是最合适的收纳方法。

虽然摆放整齐，但较难分辨外形和图案

把衣物折叠整齐放入抽屉，这个收纳方法似乎很好。但是，折叠衣物需要花费时间，选衣服时也分不清图案，结果又要把叠好的衣物给打开。这种收纳方法更适合容易变形的衣物，可以活用纸箱和衣物堆叠架，让衣物收纳变得更轻松。

\ 整齐有序! /

衣柜收纳的基本原则

在有限的衣柜空间内，通过悬挂、折叠等收纳方法，不仅可以令衣柜摆放整齐有序，而且便于日常使用。

1 悬挂是最基本的衣物收纳法

工具

使用悬挂的方式来收纳衣物是最方便的。不仅可以省去折叠衣物的步骤，还能够直观地进行衣物搭配。此外，还可以根据衣物的长度、颜色、使用者、季节等分类，以便日常搭配。

衣架

2 使用挂衣袋和防尘罩，衣服换季不用愁

工具

不织布防尘罩

使用悬挂方式收纳衣物便于衣物换季。为了防止非应季的衣物落上灰尘以及褪色，需要把衣物装入挂衣袋收纳，也可以使用不织布防尘罩。衣物换季时，只需要取下防尘罩即可。

挂衣袋

3 容易变形的衣物折叠收纳

工具

衣物托盘

容易变形、不适宜悬挂收纳的T恤、毛衣等衣物可以折叠起来收纳。使用硬纸板把这类衣物折叠成相似的大小，就能够整齐地叠放起来。另外，还可以使用衣物托盘，十分方便。

硬纸板

衣物最好选用悬挂的方式收纳，事先决定好衣架的数量

悬挂收纳的重点在于如何选择合适的悬挂高度。首先要考虑的就是符合穿衣人的身高。此外，也可以根据使用者的性格来排列衣服。如果觉得衣物放太深不方便取出，可以尽量把衣物挂在靠外的位置上。

事先决定好衣架的数量

根据衣架的数量来给衣物做取舍。这个方法还能够避免在买衣物时铺张浪费。

上层悬挂尺寸较长的西服、外套等

西服、外套等衣物较长，可以悬挂在空间较大的上层。

---

memo

收纳方法应符合使用者的习惯

我家使用的是可移动挂衣架，找衣服无须蹲下或把手伸进衣柜深处。衣架外侧及上层挂的是丈夫的衣物。

下层悬挂尺寸较短的上衣

下层空间较小，但挂尺寸较短的上衣绰绰有余。

使用挂衣袋和防尘罩，衣服换季更方便

悬挂收纳衣物，换季时十分方便。非当季的衣物可以套上防尘罩，穿的时候取下即可，无须担心衣物落灰、褪色。

memo

西装、外套要装进挂衣袋内

长时间不穿的西装和外套要装入挂衣袋内。可以选择有透明可视窗的挂衣袋，方便分辨袋中的衣物。

非当季的衣物罩上防尘罩

可以每十件衣物罩一个防尘罩，换季时只要取下就可以了。

memo

不织布防尘罩能够有效防止衣物落灰、褪色

不织布具有良好的透气性，还能够隔绝灰尘。把不织布裁剪成合适的大小，罩在衣物上，需要穿时再取下防尘罩即可。

可以根据衣物尺寸自行裁剪

容易变形的衣物折叠收纳，
放在易取放的敞开架上

毛衣这类衣物悬挂起来容易变形，可以把它们折叠后放在敞开架上。T恤用悬挂方式收纳很方便，但肩部容易被衣架撑大，建议折叠收纳。

memo

放在敞开架上收纳时应考虑穿衣人的身高

不仅悬挂式收纳需要考虑，折叠收纳时也要考虑穿衣人的身高。家中的衣物收纳应该要考虑到所有家人的情况。

使用硬纸板折叠，再放入衣物托盘内

把叠整齐的衣物一件一件叠放在托盘上，这样既一目了然，又方便取放。

详细方法
→P207

memo

衣物折叠收纳的利器——衣物托盘

塑料制的衣物托盘可以保持折叠好的状态，即使放在下层的衣物也能够迅速取出。

用抽屉收纳时可以选择一些辅助用具

围巾可以折叠后放入透明文件夹内，竖立摆放入抽屉中。这样在取放围巾时，就十分方便。贴身内衣、袜子等的折叠方法需要配合抽屉的大小和深浅而改变。合适的折叠方法可以让衣物在取出时不变形。

借助透明文件夹收纳

方巾、披肩等可以折叠后放入透明文件夹内

折叠后放入透明的文件夹内，就可以竖立摆放收纳了。

内衣和袜子的折叠方法越简单越好

贴身内衣、内裤、袜子可以简单折叠，尽量不要占用太多空间。

详细方法 →P209

memo

折叠方法得当，没有收纳篮也能实现完美收纳

使用收纳篮或多或少都会占用一些空间，只要折叠方法得当，没有收纳篮也可以实现完美收纳。

活用抽屉式收纳柜，收纳空间增加两倍

把抽屉式收纳柜横放，就变成了包包收纳柜

把抽屉式收纳柜的抽屉全部取出，再把包包放进去。如此一来，很难直立起来的包包就能够实现竖立收纳。

方便的包中包

放不进收纳柜的大体积包本身就可以当作收纳柜使用。

抽屉式收纳柜的抽屉可以用来放置小物件

取出来的抽屉可以放手帕、皮带、眼镜、手提袋等小物件。我会把抽屉放入每层架子的缝隙中，所有空间都能有效利用起来。

memo

抽屉式收纳柜适合用来存放容易变形的物件

双层硬纸浆抽屉式收纳柜很轻便也很结实，推荐使用。

其他物品的收纳

礼服和帽子等衣物收纳需要花点儿心思，还应考虑透气性的问题。

礼服使用木箱收纳，木箱放在带轮子的木板上

礼服使用木箱来收纳，但是木箱很重，取放时会非常吃力。因此，建议把木箱放在带有轮子的木板上，方便取用。由于方便移动、透气性良好，即使放在最深处也无须担心发霉的问题。

带轮子的木板不仅方便移动，还具有良好的透气性。

帽子挂在墙上，既是收纳也是展示

帽子叠在一起容易起皱、变形，收纳起来比较占地方。可以在墙上钉上钩子，把帽子挂上去。这样既能有效利用空间，透气性也很好，还能保持帽子的形状，并可以用作展示。

T恤衫、贴身衣物、袜子的收纳

好的收纳离不开合适的折叠方法，请记牢以下步骤。

T恤衫   **借助硬纸板来折叠**

借助硬纸板，可以将T恤衫折叠成统一大小。

将T恤衫背面朝上，把硬纸板放在领子与胸部之间的位置。

沿着硬纸板边缘折叠袖子。

另一边的袖子也按此法折叠。

把下摆折到肩膀的位置。

取出硬纸板，把T恤衫反转到正面。

完成！

memo

使用硬纸板和衣物托盘可以令衣物收纳更方便整齐

确定好折叠后的大小，按照这个大小裁剪硬纸板，并在四周贴上胶带。

把T恤衫放在衣物托盘上，就不用担心取出来时会变形了。

打底衫

部队卷折叠法

尽量选择不占用过多空间、减少折皱的折叠方法。

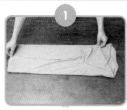

1

背面朝上，把左右两边的袖子按肩部宽度对齐折叠。

2

衣服分成3等份，对折后长度变为原来的1/3，领口向外卷。

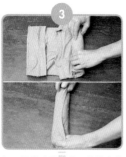

3

把下摆卷成圆柱状，塞进向外翻卷的领口内。

4

完成！

背心

小型卷折叠法

尽量避免肩带部分受到扯拉而变形，小型卷折叠法最合适。

1

背面朝上，把肩带部分折叠到下摆处。

2

再次对折，吊带藏在内部，整体呈长方形。

3

从长方形一侧开始，卷成小筒。

4

完成！

内裤

三段折叠法

方便直立收纳，适用于平角内裤。

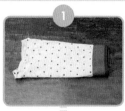

把内裤两边分别向中间对折。

把松紧带部分向下折，长度变为原来的2/3。

把裤脚塞入松紧带里，整理形状。

完成！

袜子

塞入折叠法

把脚趾部分塞进袜筒，方便快捷。

把袜筒部分向脚跟处对折。

脚趾部分也向脚跟处对折。

把脚趾部分塞入袜筒中，整理形状。

完成！

衣物的正确清洗方法

这里主要介绍衣物清洗的流程与重点。

1 仔细阅读洗涤说明

洗涤说明通常会告诉你什么样的洗涤方法最合适、洗涤时的强度与温度是什么等。洗涤说明有新旧两版，只有正确理解洗涤图标的含义，才能选择合适的洗涤方法。

上图为一般的洗涤说明标签。洗涤说明直接印在布上。

主要洗涤图标新旧说明

可手洗。水温上限。旧水温上限直接用数字表示；新不标注水温上限，默认为40℃。

旧不可水洗。新不可在家庭水洗，需要去干洗店干洗。

需使用洗衣袋

洗涤时需要洗衣袋。旧会在可机洗的图标中一并表示。新直接注明"洗涤时请使用洗衣袋"。此外，其他需要注意的事项也都使用文字提醒直接标注。

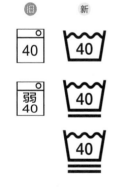

数字表示洗涤水温的上限。新的下划线表示洗涤和脱水的强度。下划线越多，表示应减弱洗涤与脱水的强度。

2 洗涤前进行衣物分类

衣物洗涤前要依据洗涤说明以及污渍的严重程度分类，还需要根据衣物的布料、是否使用漂白剂或柔顺剂、洗涤强度等分类，然后制定合适的洗涤顺序。

① 白色衣物	② 有色衣物	③ 污渍严重的衣物
避免被其他颜色的衣物染色，白色衣物尽量一起洗。	有颜色的衣物与毛巾一起洗会留下白色污渍，尽量分开洗涤。	把需要增加洗涤强度的衣物统一清洗。洗涤时可按需求调节水温与清洗剂。
④ 需要放入洗衣袋的衣物	⑤ 需要手洗的衣物	⑥ 需要送去洗衣店的衣物
把需要用洗衣袋洗涤的衣物分出来。	把标注需要手洗的衣物分出来。	送去洗衣店的衣物分为干洗与湿洗。

3 洗涤前再检查一次

洗涤前不注意，就有可能需要进行二次洗涤或是出现衣物划伤、染色等情况。为了不增加家务工作量，请记住洗涤前需要重点检查的项目。

拉上拉链

开着的拉链容易勾线，也会划伤其他衣物。洗涤前需要把拉链拉上。

扣紧纽扣

可以防止纽扣脱落。还可以把衣物内翻出来洗涤。

检查是否掉色

在衣物角落处洒一点儿洗衣液，放置5分钟，再用白布擦拭，看是否掉色。如果掉色，就把它和其他衣物分开洗涤。

掏空口袋

口袋中放有纸巾的话，会变成碎屑附着在衣物上。

4 污渍严重的部分单独清洗

一般在清洗难以去除的泛黄、发黑的污渍时，可以在洗涤前进行有针对性的去污处理。去污之后再洗涤，会比直接洗干净得多。

memo

顽固污渍用含氧漂白剂去除

洗衣液清洗不掉的污渍可以用含氧漂白剂去除。棉、麻、化纤等常见布料都可以使用含氧漂白剂粉末来清洗污渍。有颜色的衣物也可放心使用。

领口、袖口等发黑的部分使用专门的洗衣液清洗

将专门去除领口、袖口皮脂污垢的洗衣液涂抹在发黑的部分，用旧牙刷轻轻擦拭，最后再放入洗衣机清洗。

发黄的污渍用浸泡法去除

将洗衣液倒入水中，把衣物发黄的部分浸泡15~30分钟后再放入洗衣机清洗。全部放入洗衣液中浸泡也可以。

泥土污垢干燥之后再用刷子刷洗

泥垢如果是湿的，先把它弄干，然后用刷子刷去。

涂上洗衣液刷洗

用水浸湿脏的部分，涂上洗衣液，刷洗干净后再放入洗衣机清洗。

旧牙刷、刷子

污垢较小的话可以用旧牙刷，污垢范围较大时可以用刷子清洗。注意不要划破衣物。

工具

5 污渍应该及时清除

污渍长时间放置不理，就会很难清洗干净，所以应该尽早清理。但是，如果用了错误的办法，反而得不偿失。冷静地观察与选择正确的处理办法才是关键。

用蘸水的白布反复接触污渍

准备好蘸水的白布，反复接触污渍，将污渍转移到白布上，注意不要擦拭。

污渍难以去除时用旧牙刷

在污渍上滴几滴餐具洗洁精，一边接触污渍，一边把污渍转移。

污渍的种类与去污方法

酱油 咖啡 果汁	咖喱 酱汁 沙拉酱	红酒	血液 牛奶
水溶性	混合性	不溶性	蛋白质类
如果用水没有洗掉，就用白布蘸水，浸湿污渍后，用牙刷轻轻触碰刷洗。	水与油混合型。把相同剂量的洗衣液与柠檬酸混合，涂在污渍处，然后在热水中搓洗干净。	把相同剂量的漂白剂与小苏打混合，再用白布涂在污渍处。静置片刻，待污渍变淡，放入洗衣机清洗。	倒上洗衣液后用旧牙刷接触、转移污渍，或者用漂白剂浸泡。清洗血迹时不要用热水，要用冷水。

餐具洗洁精

布

旧牙刷

餐具洗洁精

布
柠檬酸

漂白剂

小苏打

布

餐具洗洁精

漂白剂

旧牙刷

卧室打扫的基本原则

卧室常见的污垢是掉落的头发、皮脂或汗渍，以及飘散的灰尘等。卧室打扫干净了，睡眠质量也会提高。

1 尽量不要放多余物品

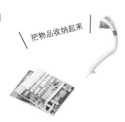

把物品收纳起来

卧室常常会放置化妆箱、挂衣架、书、杂志、按摩器等小东西。东西越堆越多，毛发和灰尘也就越容易堆积，打扫起来就更麻烦。所以尽量不要在卧室放多余的物品。

2 每周换一次床单被套

洗床单要选好天气

床单和被套会被汗水和皮脂弄脏，灰尘也极易附着在上面。因此，需要每周换一次床单和被套。天气好时，可以早上用洗衣机洗净，晾晒出去，这样晚上就能晾干了。

3 被子和床底下用吸尘器打扫

工具

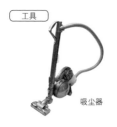

吸尘器

吸尘器换上被子专用的吸头就可以清理床单、被罩上的灰尘，也可以打扫一下床底的灰尘。如果床底设计成抽屉式，很容易积灰，需要把抽屉拉出后用吸尘器清理。

卧室极易飘散灰尘，
尽量减少多余物品的摆放

卧室光是床单被罩上就非常容易堆积灰尘，虽然能够理解希望将卧室装点漂亮的心情，但是从打扫的角度来看，还是应该尽量减少物件的摆放。

清洁地板简单方便！

清除污垢只需轻轻一喷

每天早上打扫一遍地板

每天早上从卧室开始打扫地板。用吸尘器吸尘后，再用地板湿巾拖地。

不要忘了打扫灯罩

容易落灰的地方用细纤维抹布擦拭一遍。有污垢的话可以用苏打水擦拭。

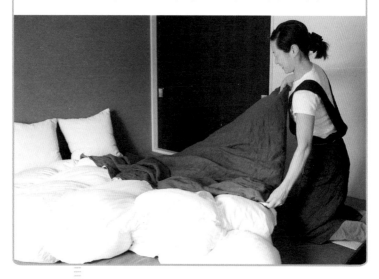

床单、被套、枕套等一周更换一次

早上起床后就更换和
清洗床单、被套

当天起床后就可以把床单、
被套拿去清洗、晾晒，晾干
后再换上。所以，要选择一
个好天气。

每周六或周日我都会更换一次床单和被套，
也可以根据天气和家中具体情况确定哪一天
更适合清洗和晾晒。由于我的原则是尽量减
少多余的物品，因此没有准备多余的床单，
当天清洗、晾晒后就换上。如果周六日都不
适合清洗，或者有其他事情要做，可以选择
其他时间或等下一周再更换、清洗。

memo

人口多、工作忙的情况下，多准备一些作为替换

替换的床单和被套会占用相当一部分收纳空间，建议尽可能省去。但是，如果
家里人口多且工作较忙、腾不出手清洗时，可以多准备一些替换的床单、被
套，数量不要太多，可收纳在床底。

吸尘器换上专用吸嘴后，给被子吸尘

吸尘后把被子放入烘干机烘干

较重的被子放到室外晾晒有些麻烦，使用烘干机烘干也能让被子变得蓬松、暖和。

被子一般不会频繁清洗，可以把吸尘器换上被子专用的吸嘴，清理被子上的灰尘，我还会把被子放入烘干机烘干。打扫完被子后，也可以顺便清理一下床底。

床底也用吸尘器清扫一下

床底下的空间一般用于收纳，每周移动床底下的物品较为麻烦，建议一个月清扫一次即可。

memo

什么时候适合室外晾晒？

如果没有烘干机，就把被子移到室外晾晒。日照较强的夏季，中午前一两个小时晾晒较为合适，日照较弱的冬季，午后晾晒半天左右就能晾干。

Q 鞋子收纳，哪种方法更方便？

A

塞不下啦！

就算放不下了，也要把鞋子全部塞进去

NG! 确实是把鞋子成对放进去的，但最终却变成了这个样子！

硬塞会造成鞋子变形以及表面损伤

你是否也认为鞋子就该放进鞋柜，即便塞得满满当当，也不应该放在外面？把鞋子硬塞进鞋柜里，会让鞋底的污垢沾到其他鞋子上，还容易造成鞋子变形和划伤，还会让鞋子保养变得更加麻烦，从而间接造成鞋子的使用寿命变短。此外，鞋柜十分容易堆积沙子和灰尘，塞得满满当当的鞋柜打扫起来会十分费力。

B

不一定要
放进鞋柜

非当季的鞋子放入衣柜收纳

OK! 准备一些鞋子专用的收纳箱，然后放入
衣柜，这样能保证长靴不变形。

衣物换季时能顺便保养

凉鞋与靴子等是在特定季节穿的鞋子。把鞋柜的空间用来收纳非当季
的鞋子有些浪费，建议可以尝试把非当季的衣物和鞋子均放入衣柜收纳。
大部分人对把衣物和鞋子一起收纳会有抵触，但只要保证鞋子干净就没有
问题了。这样鞋柜就能腾出空间，还能够顺便进行鞋子保养，一举两得。

玄关收纳和打扫的基本原则

玄关是一个家庭的门面，一定要保持整齐、干净。以下是方便简单的玄关收纳和打扫方法。

1 鞋柜收纳尽量简便

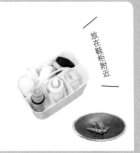

放在鞋柜附近

整理鞋柜时应该充分考虑使用者的身高。较高的人的鞋子放在鞋柜上层，较矮的人的鞋子放在下层。此外，部分小物品可以摆放在鞋柜附近，方便使用。

2 选择简洁的收纳辅助工具

工具

收纳鞋架

想要让鞋柜尽可能多地摆放鞋子，可以尝试使用一些设计简洁的收纳辅助工具，只需一只鞋的空间就能摆放一双鞋子。平时穿了一天的鞋，可以放在外面晾一晚，让鞋内的湿气挥发后，第二天再收入鞋柜。

3 用旧物打扫鞋柜

工具

旧T恤或旧袜子

旧透明文件夹

打扫鞋柜一般就是在换季时清理一下沙子和灰尘。打扫时可以用一些旧物，比如可以把旧袜子当扫把，把旧的透明文件夹当簸箕。这样打扫完就可以直接丢弃，省下了清理的功夫。入室地面处可以用上拖地用过的湿巾擦拭。

参考鞋子尺寸、数量和
穿鞋人的身高、性格选择收纳方式

比如我和我丈夫拥有的鞋子数量及尺寸都不同，而且我们的身高与性格也不同，相应鞋子的收纳方式也各不相同。这就需要花点儿心思，选择合适的收纳方法。

上层摆放身高较高的人的鞋子

我丈夫的鞋子放在鞋柜上层，他不用弯腰就能取出来。另外，我不喜欢把鞋柜塞得满满当当，所以选择了较为宽松的收纳方法。

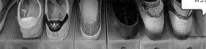

下层摆放身高较矮的人的鞋子

我的鞋子比较多，所以使用了收纳鞋架，让鞋子摆放更为整齐。

尽量选择简单的鞋子辅助收纳工具

用一只鞋的空间摆放一双鞋，换季时只需把非当季的鞋子放入深处，常穿的鞋子摆放到前面即可。

选择简单、使用方便的辅助工具

玄关处常用的物品
尽量摆放在鞋柜附近

我家的鞋柜分为两列，一列放鞋子，另一列放一些不常用的物品，比如高尔夫专用鞋、华贵的鞋子，以及保养鞋子的工具。此外，我还会把收快递包裹时需要用的一些小物品一并放在里面。

> 最上层预留存放
> 快递包裹的空间

收到的快递包裹一般先放在这里。另外，笔等签收快递时需要用到的物品也放在这里。

> 保养鞋子的工具
> 统一放在一起

鞋油、鞋刷等全部放在一个收纳箱里。

偶尔才穿的华贵的鞋子放在鞋盒里

搭配礼服穿的鞋子可以放入鞋盒内收纳。在鞋盒上贴上鞋子的照片，就能方便、快速地找到鞋子。

高尔夫专用鞋放在鞋盒里

高尔夫鞋不常用，所以放在这一列鞋柜里。

入室地面上仅摆放常穿的鞋子

准备一个放钥匙的地方

确定一个地方固定放钥匙，这样就不必每次出门都找钥匙。

雨伞统一放在一处

按照人数摆放雨伞。鞋拔和拐杖等也可以一并摆放。

除了每天穿的鞋子之外，入室地面上基本不摆放其他鞋子。但是，穿了一天的鞋内有湿气，需要晾一晚。可以在早上打扫时，把晾干鞋子放回鞋柜里。

memo

也可以使用贴在门上的钥匙挂钩

磁铁类的挂钩方便挂钥匙，不需要时也容易取下。

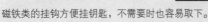

玄关是家的门面，
摆放简洁、便于打扫是基本原则

只要遵循了玄关收纳的基本原则，打扫就会变得十分轻松。把物品尽量收纳在鞋柜内，入室地面的清理就会很容易。此外，由于使用了鞋架，鞋柜内堆积的沙子与灰尘也会减少，打扫的次数也就相应地减少了。

用旧袜子等旧物打扫鞋柜

鞋子换季时，一般只需要清理沙子与灰尘，可以把旧衣物和旧透明文件夹当作扫把和簸箕使用。

有效利用旧物！

一张就能清洁所有地面

入室地面每天用湿巾擦拭

家中的地面擦净之后，把湿巾取下，用干净的一面擦试入室地面。

专栏

鞋子的正确保养

适当保养，才能让鞋子长久保持最佳状态。

皮鞋

需要经常保养

用鞋刷清除灰尘，再用纸巾蘸上清洁剂擦拭表面。涂上鞋油、打磨光亮后，再用干净的纸巾擦净。最后喷上皮鞋护理剂，放入鞋撑。

反绒皮鞋

使用专门的工具保养

用刷子把绒毛根部的灰尘清除，再按顺序喷上护理喷雾和反绒皮鞋专门的保养喷雾。擦过鞋油的刷子会使绒皮变色，尽量避免混用鞋刷。

运动鞋

需要把脏的地方擦拭干净

用鞋刷清除灰尘和泥土，涂上清洁剂，让污垢脱落，最后用纸巾擦干净。褶皱内的污垢用旧牙刷清除，再用干布或纸巾擦拭。

靴子

保养靴子的第一步是放入鞋撑

放入靴子专用鞋撑，避免变形。根据靴子的材质选择相应的保养方法。换季时，喷上除臭喷雾和防霉喷雾即可。

---

memo

沾上汗水或被雨淋湿时

把报纸揉皱后塞入鞋内，吸收水分，晾干。待鞋子干后再放入鞋撑，用鞋刷清除灰尘，然后按平时的步骤清洁和保养即可。最后不要忘了喷上防霉喷雾。

杂物间的收纳方法

借助隔层和篮子划分区域，只存放最需要的东西。

打扫工具和日用品统一存放在杂物间内

除了打扫工具，备用的家居用品都可以放入杂物间。虽说库存充足会让人较为放心，但这些备用物品的收纳也是一个难题。因此，尽量把备用物品的数量控制在最少。盒装抽纸只需要每种预备一盒即可，适当的库存不仅方便收纳，也不用担心不够用。

分上下两部分收纳

下面主要摆放打扫工具

吸尘器、蒸汽清洁器等，也可以把遛狗用具放在这里。重点是不要放太多东西，方便取用。

上面摆放备用的日用品

最上层摆放日用品（工具、灯泡等），中层摆放打扫用品（酒精、清洁湿巾等）以及洗漱用品。

使用篮子，
按用途分类

收纳使用的盒子或篮子都是以前用在别处的，最后全都放进这个杂物间里。

PART 7

轻松高效的家务
料理篇

预处理食材，会让每天的煮饭做菜变得简单轻松！
还能让冰箱变得干净、整齐。

烹饪预处理过的蔬菜和猪肉，不一会儿一道菜就做好了！

Q 高汤制作，哪种方法更方便？

A

虽然麻烦，但每次都是最新鲜的！

每次只煮需要的量

OK! 每次重新煮高汤是完全没问题的，但是很难做到每次的味道都完全相同。

每次只做少量高汤，量少的高汤似乎更难做

一般家庭都会按照人数来确定饭菜的量，我家只有两口人，每次用到的高汤也就两碗左右。每次只做这么少的量，其实是非常麻烦的，不仅花时间，加入的食材量也不好把握。放多了，味道太浓；放少了，味道又太淡，很难把握每一次的味道。

B

需要时马上就能用！

一次做完，冷冻保存

OK! 冷冻时，按照每次使用的量分装进小容器内，这样就能节省每次重新煮高汤的时间。

一次做完不仅能保证味道相同，做饭也变得轻松了

比如，一次做2L左右的高汤，然后分成小份，冷冻保存。这样每次做饭就会省事许多。同时，也可以把放入高汤的食材事先准备好。比如，把海带切成适当大小、计算好一次要使用的鲣鱼片数量等，这些都可以事先准备好。这样一来，每次的饭菜就能保证味道不会有太大的偏差。

\ 准备工作变得更简单！ /

食材预处理的基本原则

在家务中，准备午、晚餐是比较辛苦的。但是只要食材事先处理好，煮饭做菜也能变得很轻松。

1 计算好煮高汤的食材，统一冷冻

方便好用的保存容器

每次重新煮高汤较为麻烦，一次性煮好后分装入容器冷冻保存是比较方便的做法。需要用到的鲣鱼片可以按照每次使用的量放入保鲜袋，冷藏保存。

2 蔬菜洗净，切成适合烹饪的大小

可以直接烹饪

油菜、白菜等叶类蔬菜可以先清洗干净，切段后放入塑料袋中。生菜同样先洗净，然后把叶子一片片摘下来，一起放入塑料袋中。这样就节省了每次处理食材的步骤，缩短了烹饪的时间。

3 萝卜等较长的蔬菜要切成两半

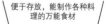

便于存放，能制作各种料理的万能食材

萝卜、大葱等较长的蔬菜比较占用存放空间，因此，买回来后就要把它们切成两半，用保鲜膜包起来后放入塑料袋，放到蔬菜保鲜层冷藏保存。这类蔬菜可以竖立存放，不会占用过多空间。

高汤用料按照分量储存，
高汤一次性煮好后分装，冷冻保存

煮好的高汤分装入
容器内，冷冻保存

按照每次的用量分装入容器内，
冷冻保存。使用时等高汤自然解
冻后，倒入锅中加热。

保质期　冷冻 ❄ 2 周

制作鸡汤和清汤时用到味精，但日式高
汤一般都会用食材熬煮。所用的食材会
事先算好分量，然后保存。海带会切成
适当大小，放入瓶内保存；鲣鱼片则每
20g放入一个保鲜袋中，把袋内空气排出
后，再放入冰箱冷藏。

memo

每次重新煮高汤会让味道出现偏差

人少时，煮高汤用到的鲣鱼片的量就较难
把握，很难每次都做出同样味道的高汤。
推荐每次煮2L的量。

233

生菜类蔬菜的叶子
需要一片一片摘下后洗净

洗净的菜叶装入塑料袋，
放入冰箱冷藏

把叶子底端朝下，放入塑料袋中
密封。放入保鲜层时，也要注意
把菜梗部位朝下摆放。蔬菜竖立
保存，会显得十分整齐。

生菜这类叶菜类蔬菜买回来之后就要把
叶子一片一片摘下，然后清洗干净，放
入塑料袋中保存。存放时间久了，生菜
叶会从底部开始慢慢变色。烹饪时，只
要把变色的部位切去，就能用来制作生
菜沙拉。

memo

带泥土的蔬菜需要事先洗净

牛蒡、土豆等蔬菜买回来之后就要立刻把
泥土清洗干净，这样不仅方便烹饪，还能
够保持冰箱干净整洁。

需要切段的蔬菜可以事先处理好

白菜段
可以直接炒或煮汤，也能用作火锅材料。

水菜段
可以做沙拉、水煮、拌菜、煮汤等。

油菜段
可以做炒菜、味噌汤等。也适合做水煮菜。

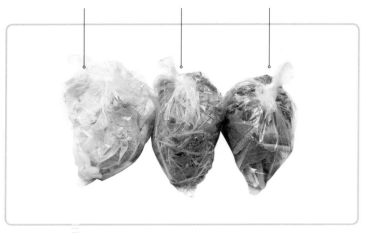

洗净后切段

不仅减少了料理时的工作量，还可以让冰箱保持干净整洁。

油菜、水菜、白菜等洗净后切段，然后放入塑料袋保存。预处理会让做饭轻松不少，但是，切段的蔬菜不宜存放太久，建议菜谱确定后再切。

萝卜苗和豆苗等可以把根部切掉

买回来直接放入冰箱会非常占地，应该先把根部切掉，再分成小份，用保鲜膜包起来，放入冰箱能够看得见的地方冷藏。处理过的蔬菜不宜存放过久，要尽早食用。

萝卜、大葱等蔬菜要切段

切好的蔬菜全部竖立放入
冰箱，整齐又省空间

萝卜、大葱等如果不切段，直接
放入冰箱，会占用许多空间。切
段后竖立存放是最佳储存方法。

如果买回来的是一整根萝卜，应该把叶子切掉，然后把萝卜横切成两半，再用保鲜膜包起来，放入塑料袋中保存。大葱也可以切成较短的段，用同样的方法保存。

memo

把料理常用的部位整个切出来

萝卜上半段常用来煮，中间部分用来炒菜或做沙拉，下半部分则常用来做萝卜泥。因此，建议给萝卜切段时，可以按照用途来切分。

香味蔬菜的保存需要多花一些心思

蒜先剥好皮，用时更轻松

如果经常使用蒜，可以先把皮剥掉，放入塑料袋保存。烹饪时就省去了剥皮这一步骤，省时省力。

除了一般蔬菜，有许多香味蔬菜需要多花点儿心思保存，比如绿紫苏。把绿紫苏洗净后放入容器内，再倒入水至瓶口处，然后盖上瓶盖，放入冰箱冷藏。这样不仅能够延长保质期，还能直观地看到余量。

memo

洋葱皮也可以事先剥好

如果经常使用洋葱，也可以像蒜那样事先把皮剥好，然后用保鲜膜把每个洋葱分别包好，放入保鲜袋中，再放入冰箱冷藏。不经常使用洋葱的话，可以直接带皮存放。

Q 提前准备料理，哪种方法更方便？

A

事先做好一周的量

全部做好，只要加热就可以直接食用

OK! 把所有菜事先做好，吃的时候加热即可。这样确实很方便，但购买食材和烹饪就会十分辛苦。

一直吃同样的食物总会吃腻，购买食材和烹饪都很辛苦

　　利用休假先把几道菜做出来，然后在忙碌的工作日就不必烧饭做菜了。这样虽然方便，但休息时出去购买食材、制作料理，难得的休息日就在忙碌中过去了。而且，总吃相同的食物容易腻，不吃完又会觉得浪费。本来打算省下做饭的时间，可结果却让人更加疲惫。

B

只需要花
几分钟准备

预处理，只做简单调味

OK! 只简单调味并稍微烹煮一下，每日做饭就会变得简单轻松！

只需用盐调味，其他可以根据每日心情自由搭配

我们的目标是减少做饭的麻烦，每天吃到美味料理。实现这个目标最关键的一点就是提前预处理，即让料理处于距离完成还差一步的状态。用盐调过味的食材只需要稍微煮或炒一下，就能完成一道菜。想吃时，只要把食材拿出来加工即可。由于食材已经事先处理和调味，实际的烹饪时间就缩短了。而且，调味只用了盐，在味道上自由发挥的空间很大。

料理预处理的基本原则

让做饭变得轻松的方法就是预处理。一直吃已经做好的食物容易腻，预处理更适合。

1 让食材处于距离完成还差一步的状态

不费时间，搭配丰富多样

把饭菜事先做好，在忙碌的时候也能很快吃上饭，这个办法确实给我们带来了便利，但并不是每一道菜都要全部完成，只要把料理做到距离完成还差一步的程度，就已经为我们节省了许多时间，而且还给这道菜留下了很大的发挥空间。

2 用盐进行简单调味即可

只用盐调味，日式、西式、中式料理均可制作

肉类的预处理只需用盐调味，稍微用火烹煮一下即可。然后把煮好的肉装入保鲜袋，放入冰箱冷藏。使用时，不仅肉更加入味，还能根据当天的心情选择烹饪方式。

3 蔬菜先焯一遍，豆腐事先沥水

沥干水后直接烹饪

只需要事先煮一遍

只要有水煮青菜、盐渍豆腐，菜品就能变得丰富起来。做沙拉、煮汤、拌菜都可以，再不用为每天的菜谱烦恼了。之前只简单用盐调过味，烹调时搭配沙拉酱、拌酱等都能做出美味的料理。

预处理带来无限可能，
不同的搭配造就不同的美味！

盐渍豆腐
→P249

每天做饭变轻松

食材经过预处理

捣碎	搅拌	切块

青菜豆腐浓汤
→P248

胡萝卜拌豆腐
→P249

卡布里豆腐沙拉
→P249

比如，豆腐的预处理就是让它处于沥干水的状态，只需撒上一些盐，再用厨房纸巾包起来即可。预处理只需这几个简单步骤，当实际烹饪时，就能省下准备的时间，还能根据当天的食材和心情变换菜品。因此，预处理这种料理方法非常值得推荐。

烤牛肉3款

一种食材能够做成多种菜品，让餐桌上的一日三餐丰富起来。早餐可以搭配米饭或做三明治；午餐可以做成沙拉；晚餐只要淋上酱汁，又是一道新的菜品了。

可以做成沙拉

烤牛肉沙拉

沙拉酱与蔬菜和香料的完美搭配

材料（2人份）

切片烤牛肉……8片
红、黄甜椒……各1/8个
黄瓜……1根
生菜叶……200g
柠檬汁……1/2个的量
橄榄油……1大勺
盐、黑胡椒粉……各适量

做法

1 甜椒和黄瓜切薄片，生菜叶撕成适口大小。

2 把步骤1的材料均匀混合后装盘，放上烤牛肉片，淋上柠檬汁和橄榄油，撒盐和黑胡椒粉调味即可。

point ▸▸▸

烤牛肉切片后立刻用保鲜膜包起来，可以锁住牛肉的水分，这样吃起来口感不发柴。

烤牛肉三明治

可以根据喜好添加各种食材

材料与做法（1人份）

切片烤牛肉……4片
长面包……20cm
芝士片……2片
生菜叶、黑胡椒粉……适量

把长面包切成两半，用面包机烤一下。
把芝士片、生菜叶、烤牛肉片叠起来，
撒上黑胡椒粉，塞入面包片内即可。

夹在面包片中

淋上特别的酱汁，
作为晚餐的主菜

甜红酒酱烤牛肉

用口味浓郁的甜红酒制作酱汁

材料与做法（2人份）

切片烤牛肉……8片
水芹菜……适量
甜红酒……2大勺
酱油……1大勺

把甜红酒倒入锅内煮沸，再加入酱
油，搅拌成酱汁。最后把水芹菜与
烤牛肉片装盘，淋上酱汁即可。

预处理食谱

保质期 冷藏 ⊛ **5**天

烤牛肉 用平底锅做出极品美味

材料

牛腿肉……500g
盐……1大勺
黑胡椒粉……少许
橄榄油……2小勺

做法

1 在牛腿肉上涂满盐和黑胡椒粉。
2 平底锅中倒入橄榄油，放入牛腿肉，两面分别煎5分钟。
3 趁热把牛腿肉用铝箔纸包裹起来。

水煮猪肉3款

肉质鲜美，煮肉的汤汁也同样美味！根据不同的搭配，可以制作成主食、主菜、例汤。

只需淋上酱汁

辣酱肉片

可以根据口味和喜好点缀一些姜片

材料（2~3人份）

水煮猪肉……350g
紫叶生菜……适量
Ⓐ 葱末……2大勺
　酱油……1大勺
　醋、白糖、芝麻油……
　各1小勺
　豆瓣酱……1/2小勺

做法

1 把水煮猪肉切成5mm厚的片，装盘，点缀紫叶生菜。

2 碗中加入所有调料Ⓐ，均匀混合，制成辣酱。

3 把辣酱淋在猪肉片上。

point ▶▶▶
可以多做一些辣酱保存起来，吃生鱼片、水煮鱼肉时都能用上。

猪肉丁拌饭

味道浓郁，色彩艳丽

材料与做法（2人份）

水煮猪肉……150g　芜菁……2个
芜菁叶……适量　芝麻油……2小勺
温米饭……400g　盐……适量

把水煮猪肉、芜菁切成边长1cm的丁。
把芜菁和切成1cm长的芜菁叶加盐揉
搓，沥干水分。平底锅中倒入芝麻油，
加热后把处理好的食材倒入锅内炒熟，
最后与温米饭混合均匀即可。

切成肉丁拌饭

猪肉蔬菜汤

把剩下的蔬菜切段一起放入

材料与做法（2人份）

煮猪肉的汤汁……400ml
豆芽……50g
豆苗……1/2包
盐、黑胡椒粉……少许

把煮猪肉的汤汁加热，放入豆芽和
切段的豆苗，煮3分钟。适当加盐
和黑胡椒粉调味。可以根据喜好加
辣椒油或白芝麻粉。

煮肉的汤汁也要
利用起来

预处理食谱　保质期 冷藏 ≈ 5天

水煮猪肉

煮肉的汤汁也可以保存起来

材料

猪里脊肉……500g
盐……1大勺

做法

1. 把猪里脊肉涂满盐。
2. 将肉放在小碟子上，用保鲜膜包起
　来，放入冰箱冷藏一晚。
3. 锅里倒入足量水，煮沸后放入猪里
　脊肉煮1个小时，静置、冷却。

245

水煮鸡胸肉3款

煮过的鸡胸肉变得鲜嫩多汁，可以做成日式、西式、中式等各类料理。

满满的膳食纤维

鸡胸肉沙拉

均衡摄取肉和蔬菜的营养

材料（2人份）

水煮鸡胸肉……1/2块

黄甜椒……1/2个

黄瓜……1根

紫洋葱……50g

小番茄……10个（100g）

藜麦……4大勺

Ⓐ 橄榄油、鲜榨柠檬汁……

　各1大勺

　盐……1/3小勺

　酱油……少许

做法

1. 把水煮鸡胸肉、黄甜椒、黄瓜、紫洋葱分别切成边长1cm的丁，小番茄切两半，藜麦煮熟。

2. 将步骤1的材料放入碗中，加入Ⓐ调成的酱汁，搅拌均匀。

point ▸▸▸

鸡胸肉和蔬菜要切成一样大。藜麦增加了松脆的口感。

棒棒鸡

可以根据喜好添加蔬菜，淋上葱蓉酱

材料与做法（2人份）

水煮鸡胸肉⋯1块

Ⓐ

鸡汤、葱末⋯⋯各2大勺

姜、蒜⋯⋯各1/2片　白芝麻⋯⋯1大勺

白糖⋯⋯1小勺　鱼露⋯⋯1/2小勺

水煮鸡胸肉切厚片，装盘，淋上搅拌均匀的Ⓐ酱汁，可根据喜好添加香菜、西红柿、黄瓜等。

淋上满满的酱汁

芝麻油与梅子带来的新风味

梅子水菜鸡胸

与梅子肉搭配，带来新的味觉体验

材料与做法（2人份）

水煮鸡胸肉⋯⋯100g

水菜⋯⋯200g

Ⓐ

梅子肉碎⋯⋯15g

芝麻油、白芝麻⋯⋯各1小勺

水菜焯水后沥干。水煮鸡胸肉撕成适当大小。把食材放入碗中，倒入Ⓐ酱汁，混合均匀。

预处理食谱　　保质期 冷藏 ❄ **5**天

水煮鸡胸肉　在家做出便利店的人气菜品

材料

去皮鸡胸肉⋯⋯

2块（600g）

盐⋯⋯4小勺

做法

1. 鸡胸肉涂满盐，腌制片刻。
2. 把两块鸡胸肉分别放入保鲜袋中，挤出袋内的空气。
3. 锅内加水煮沸后关火，放入鸡胸肉，盖上锅盖，待完全冷却后再开火煮熟。

盐渍豆腐3款

无论是切块、捣碎、还是搅拌，都能制作出不同口味的料理。

软绵的豆腐十分美味

青菜豆腐浓汤

制作简单、方便，轻松完成

材料（1人份）

盐渍豆腐……1/3块
油菜……150g

Ⓐ 味精……1小勺
⎸ 水……150ml

盐、黑胡椒粉……少许

做法

1. 把Ⓐ放入锅中煮沸，再放入切段的油菜和捣碎的盐渍豆腐，煮5分钟。
2. 把步骤1的材料打碎、搅拌均匀。可加入少许盐和黑胡椒粉，还可以根据口味加10g黄油或1小勺橄榄油。

point ▶▶▶ ————————
经过盐渍的豆腐本身就带有咸味，可适量加盐。
蔬菜可以换成菠菜等其他蔬菜。

卡布里豆腐沙拉

用盐渍的方法脱水最方便

代替奶酪

材料与做法（2人份）

盐渍豆腐……1/2块

番茄……1个

罗勒……适量

橄榄油……1小勺

黑胡椒粉……少许

盐渍豆腐和番茄切小块，装盘后加入罗勒。最后淋上橄榄油，撒黑胡椒粉。

捣碎后裹匀

胡萝卜拌豆腐

蔬菜可以根据喜好自由选择

材料与做法（2人份）

盐渍豆腐……1/4块

胡萝卜……1根（180g）

Ⓐ

白芝麻粉、白芝麻……各1大勺

白糖……1小勺

酱油……少许

把胡萝卜切细条后煮熟。盐渍豆腐放入碗中，加入Ⓐ，捣碎后搅拌均匀。最后把沥干水的胡萝卜条裹满盐渍豆腐碎即可。

预处理食谱

保质期 冷藏 ≋ 5天

盐渍豆腐　去除了水分，可以和各种食材搭配

材料

豆腐……1块（300g）

盐……2小勺

做法

1. 豆腐上涂满盐。
2. 用厨房纸巾包住豆腐，放入冰箱冷藏一晚。

\ 拓展食谱！轻松料理 /

盐水煮蔬菜3款

咸味能够激发出蔬菜本身的味道，再配合上其他食材，就能够制作出多种料理。

摆盘后即可享用

沙丁鱼拌秋葵

可依据喜好淋上一些柚子酱油

材料（2人份）

盐水煮秋葵……10根
海苔碎、鲣鱼片……各3克
沙丁鱼干……15克
酱油……少许

做法

1. 盐水煮秋葵斜切成段。
2. 将秋葵段装盘，撒上海苔碎、鲣鱼片、沙丁鱼干，最后再淋一些酱油。

point ▸▸▸

秋葵可以先在砧板上撒满盐后再水煮。还可以加入沙拉酱或清汤，拌匀后享用。

金枪鱼拌西蓝花

鲜味碰撞出美味料理

材料与做法（2人份）

盐水煮西蓝花……200g
金枪鱼罐头……1小罐
酱油…… 少许

把盐水煮西蓝花放入碗中，倒入金枪鱼
罐头，搅拌均匀后装盘，淋上少许酱油。

最适合做小菜

柠檬汁沙丁鱼拌白菜

搭配意大利面一起食用，美味升级

材料与做法（2人份）

盐水煮白菜……200g
油浸沙丁鱼……1罐
柠檬汁……2小勺
黑胡椒粉……少许

将盐水煮白菜和碾碎的油浸沙丁鱼
放入碗中，混合均匀，再加入柠檬
汁和黑胡椒粉。

沙丁鱼的
另一种搭配

预处理食谱

保质期 冷藏 3天 / 冷冻 2天

盐水煮蔬菜　充分发挥盐的作用，让水煮蔬菜照样美味！

材料

秋葵……16~20根
西兰花……1株
白菜……1/4个
盐……1大勺

做法

1. 去掉秋葵的蒂和花，放在砧板上撒
   盐。其他蔬菜切成适当大小。
2. 锅里加入1.5L水，煮沸后加盐。秋葵
   煮30秒，其他蔬菜煮90秒。
3. 把煮过的蔬菜捞起，摊开后沥干水。

不同场所和污垢的

详细的打扫步骤请参考各页内容。

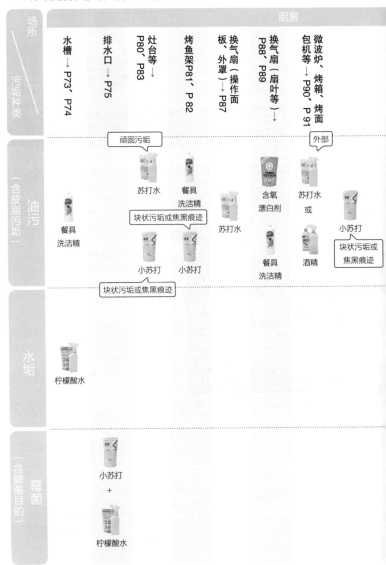

场所	厨房						
污垢种类	水槽→P73、P74	排水口→P75	灶台等 P80、P83	烤鱼架P81、P82	换气扇（操作面板、外罩）→P87	换气扇（扇叶等）→P88、P89	微波炉、烤箱、烤面包机等→P90、P91
油污（含皮脂污垢）	餐具洗洁精		顽固污垢：苏打水 / 小苏打；块状污垢或焦黑痕迹：小苏打	餐具洗洁精；小苏打	苏打水	含氧漂白剂；餐具洗洁精	外部：苏打水 或 酒精；块状污垢或焦黑痕迹：小苏打
水垢	柠檬酸水		块状污垢或焦黑痕迹				
霉菌（含除菌目的）		小苏打 ＋ 柠檬酸水					

清洁工具快速检索表

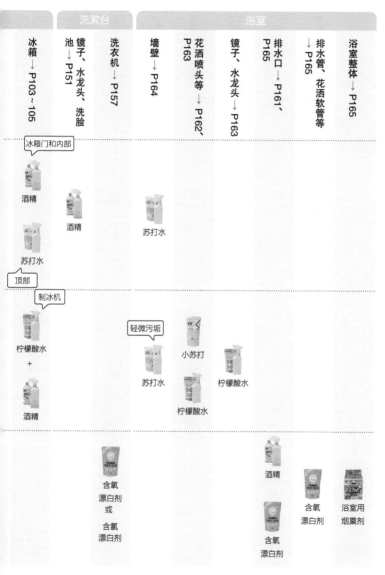

洗漱台 ｜ 浴室

冰箱门和内部
酒精
苏打水
顶部
制冰机
柠檬酸水 + 酒精

酒精

洗衣机 → P157

墙壁 → P164
苏打水
轻微污垢
苏打水
柠檬酸水

小苏打
柠檬酸水

酒精
含氧漂白剂

含氧漂白剂 或 含氧漂白剂

含氧漂白剂

含氧漂白剂

浴室用烟熏剂

| 场所 | 卫生间 | | | | | | 客 | |
污垢种类	墙壁、地面→P171	马桶→P170	马桶（与地面接触部分）→P175	马桶（内部）→P172'	水箱（外部）→P169	水箱（蓄水池、内部）→P174	地面→P181	灯罩、展示柜等→P184
油污（含皮脂污垢）	地板湿巾 + 酒精	卫生间清洁剂					地板湿巾	苏打水
水垢			苏打水	柠檬酸水 + 小苏打	卫生间清洁剂	柠檬酸水 + 小苏打		
霉菌（含除菌目的）		酒精						

厅			餐厅			卧室、衣柜		玄关
布艺沙发→P186	家电、开关、门把手→P185、P187	玻璃窗→P182、P183	餐桌→P191	椅子→P192	碗柜→P193	地面→P215	灯罩→P215	地面→P224
小苏打	酒精	内侧 酒精		苏打水 或 中性清洁剂	酒精	地板湿巾	苏打水	
		外侧 中性清洁剂						
			酒精					地板湿巾

255

图书在版编目（CIP）数据

家事大作战：高效清洁收纳术 /（日）牛尾理惠监修；韦晓霞译. — 北京：中国轻工业出版社，2020.5

ISBN 978-7-5184-2856-4

Ⅰ. ①家…　Ⅱ. ①牛…　②韦…　Ⅲ. ①家庭生活 – 基本知识　Ⅳ. ①TS976.3

中国版本图书馆CIP数据核字（2019）第289797号

责任编辑：胡　佳　　责任终审：劳国强　　整体设计：锋尚设计
责任校对：李　靖　　责任监印：张京华

出版发行：中国轻工业出版社（北京东长安街6号，邮编：100740）
印　　刷：北京博海升彩色印刷有限公司
经　　销：各地新华书店
版　　次：2020年5月第1版第1次印刷
开　　本：787×1092　1/32　印张：8
字　　数：200千字
书　　号：ISBN 978-7-5184-2856-4　定价：58.00元
邮购电话：010-65241695
发行电话：010-85119835　传真：85113293
网　　址：http://www.chlip.com.cn
Email：club@chlip.com.cn
如发现图书残缺请与我社邮购联系调换
190480S6X101ZYW